绿色 选择
Green Choices
环境问题调研实录

李静◎著

中山大学出版社
SUN YAT-SEN UNIVERSITY PRESS
·广州·

图书在版编目（CIP）数据

绿色选择：环境问题调研实录/李静著 . —广州：中山大学
出版社，2016. 2

ISBN 978 - 7 - 306 - 05604 - 7

Ⅰ. ①绿… Ⅱ. ①李… Ⅲ. ①环境保护—研究—中国
Ⅳ. ①X - 12

中国版本图书馆 CIP 数据核字（2016）第 023295 号

绿色选择：环境问题调研实录
Lyuse Xuanze：Huanjing Wenti Diaoyan Shilu

出 版 人：	徐　劲
策划编辑：	廉　锋
责任编辑：	曾育林　廉　锋
封面设计：	林绵华
责任校对：	陈　芳　高　洞
责任技编：	何雅涛
出版发行：	中山大学出版社
电　　话：	编辑部 020 - 84111996，84113349，84111997，84110779
	发行部 020 - 84111998，84111981，84111160
地　　址：	广州市新港西路 135 号
邮　　编：	510275　　　　传　真：020 - 84036565
网　　址：	http://www.zsup.com.cn　E-mail：zdcbs@mail.sysu.edu.cn
印 刷 者：	广州家联印刷有限公司
规　　格：	850mm×1168mm　1/32　8.5 印张　184 千字
版次印次：	2016 年 2 月第 1 版　　2016 年 2 月第 1 次印刷
定　　价：	38.00 元

绿色的呼吁（代序）

　　今天的工业化过程把自然资本彻底隶属于经济发展指数的支配。李静所报道的环境问题，凸显出今天的环境危机和生态危机实际上是一种伦理性的危机。各种垃圾的生产和有毒物质的排放令人透不过气，从空气保卫战的无奈到尾矿隐患的治理，从草原生态的溃败到人工引水的尴尬……在人类生存的五光十色的表象后面，我们正面临着越来越多、愈来愈严重的环境问题。我们不得不质询食品安全的公共政策，问责污染排放的技术监控标准。

　　生态环境是维系我们生活的资本来源，只要天然资本因为被过度开采和利用而承受流失和破坏，只要我们用毒素和废物污染或破坏生态系统，就不可避免地会降低人类文明可持续发展的能力。从 20 世纪开始涌现的绿色运动在今天不再边缘，因为人们已认识到人类发展对整个自然生态环境的破坏程度。在物象层面上，自然资本的非自然化已经成为一种恐怖的景观。

　　当人类学家用"生态平衡"这一术语来描述地球居民与自然环境和谐相处的社会时，其中的和谐关系是通过那些重视人类社群的稳定性与可持续性的种种文化习俗来实现的，包括一个地方的特定生态特征和一个地方人群的永久性生计需求。李静的报道通过对环境问题的调查性报道来强调和放大我们对环境问题的认知：我们是否还要在持续膨胀的环境危机面前无动于衷？

　　按照环境经济学的算法，主要的问题在于如何将外部的环境成本内化成一种能够完全反映社会边际成本的价格。但在现实中，没有被计算在内的不仅是环境的毒化对生命的潜在毒害，而且还包括心理健康的危害和社会环境的恶化。

不管是经济增长还是城市运营，不能只是让利益相关者的赢利效益成为决策者和投资者的首要考虑因素，也要维护和捍卫生活和生产的社会主体的公共利益。社会的进步不仅仅是物质的繁荣和产品的多样，更需要一种公共制度的建构来维护不断发展的社会需求，必须要建立一种包括信息、技能和态度在内的环保文化作为社会进步的基础。对环境的尊重就是对人的尊重。环境正义的科学发展观应该成为公共政策的出发点。

只有生活在一个区域当中的不同的社会人群形成文化共同体意识，才可能建立一种环境可持续的生活方式，并逐步拥有能够影响生产和投资决策的权力，把对生活的审美需求与营造环境的美感结合起来，创造一种能够真正被称为"人化的自然"的自然生态和社会生态。这不仅是在追求一种有生命力的发展模式，也是在践行一种有普遍性的发展观念。

李静是一个敏感且勇敢的记者，在早年的求学生涯中就显露出十分优秀的专业素质。她那篇超过 10 万字的优秀硕士论文，是对一个城市小区的互联网论坛的生成模式和循环功能的研究，有逻辑、有深度。在我所指导的硕士生学位论文当中，这个田野叙事的长度至今还保持着纪录。今天呈现在读者面前的调查式报道文集，囊括了与我们的日常生活息息相关的环境议题，充满现实感，更有紧迫性。

中国传媒大学教授

自　　序

2014 年 10 月 19 日，灰蒙蒙的北京天安门广场，一声枪响，马拉松选手们戴着五光十色甚至防毒面具式的口罩，冲出起跑线。赛前，北京市政府已正式发布空气重污染蓝色预警，当天空气质量指数（Air Quality Index，简称"AQI"）一路飙升超过 400，跑友们仍秉持着"被雾霾毒死也要跑"的精神，在大街上奔跑，这被视作某种对雾霾的正面抵抗。

这抵抗如此无力，跑友们跑了不到两小时，嗓子眼里就变得黏糊糊的。一些跑友汗颜弃跑，一些跑友则在非比赛日自觉转向室内跑步机。曾几何时，"在蓝天下正常呼吸"成为一种奢望，雾霾来袭，人们以己之力试图求得自保：从 PM 2.5 口罩到空气净化器到"防霾神水"。然而，这些个人行动更像是自欺欺人的掩饰，治标不治本。

正如雾霾肆虐大半个中国，垃圾围城、水资源短缺、生态退化等危机潜伏在每一个角落，整个社会无法逃脱这张危机四伏的网，而编织这张网的正是高速运行多年的中国社会有机体。快速的工业化、城镇化进程，高耗能、高排放、高污染的产业结构，当日积月累的生态环境问题日渐暴露，"选择高速发展还是放缓发展速度转而顾及环境的可持续"成为横亘在中国社会及每位公民面前的一道选择题。

　　这道选择题并非无解，只是留下了时间的注脚。无论是政府、社会还是个人对于日积月累的环境污染、生态退化，只有在危及自身的健康和安危时，才会选择去关注、求解；而那些潜藏的环境隐患，只要不升级为事故或者距离中心遥远，就会被遗忘。在我从事环境报道的这些年，像尾矿库这样深埋在大山深处的环境隐患，多年来无人问津。当我在 2011 年隆冬时节深入位于黔、湘、渝边区结合部的"锰三角"，眼见那些废弃的矿渣不经处理就随意地堆放在露天场地，没有人想到这些尾矿渣会成为定时炸弹一样的存在。直到山洪暴发，冲击而下的洪水席卷着有毒有害的矿渣进入主河道，甚至危害到大城市的饮用水时，人们才幡然醒悟，然而此后的措施只是亡羊补牢。

　　从明面上来说，中国已经在跃进式发展还是可持续发展这条道路上做出了选择。正如 20 世纪后半叶以来，特别是最近 20 多年，中国的政治、文化、社会各界日益醒悟，且形成一股对环境保护关注和对发展后果反思的潮流，随之环境决策被纳入政治议程，环境领域的政策进而丰富起来。这种醒悟更多是出于无奈，在内蒙古的大草原，生态移民和禁牧政策就是被动式的选择。2010 年春，我在内蒙古东部调研生态补偿政策，正赶上沙尘暴肆虐的时节，每天一出门，毛孔里立刻填满沙粒，开车行进在草原上，不见"风吹草低见牛羊"的美景，只有不断因草原退化而沙化成黄色的戈壁。为留下最后的草原，一些生态退化严重的草场被围栏围起来，牛羊被赶出，人也被迫迁移，一切只为在自然的状态下修复草原生态。

　　迟来的醒悟也好，无奈的选择也罢，今日的中国似已做出选择。这选择同时伴生着高昂的代价，而这选择所期待的美好结果，一时之间很难明了，北京治霾就是最好的例证。2014年，北京宣布拿出7600亿元治理雾霾，我随即跟进调研，治霾的根本是要调适发展节奏，抑制不断膨胀的发展"野心"，北京确实做到了调结构、降能耗。但是，真的能降下来吗？北京砸钱没问题，问题是雾霾已蔓延至大半个中国，不是每一座城市都有北京这般手笔和决心。

当中国选择了绿色化的发展之路，便不再是"选什么"，而是"怎么选"的问题。这种路径选择在我看来充满了谜样的复杂性：那些引自国外的手段、方式，譬如清洁发展机制（CDM）很是先进，然而在中国的落地执行中往往沦为概念层面的接纳或是停滞不前。那些在中央层面很是宏大的环境决策到了地方上一执行，便开始走样或变形，地方上则积极谋划自己的"土政策"。同样的环境问题譬如草原退化，在内蒙古用的禁牧政策很有效，到了青海则出现适得其反的效果。由此可见，推行环境政策得讲适应性、多样性，单纯的一刀切只能误事。

在即将展开的这本书中，"绿色选择"这一主题将融于独立成章的每个议题中，这些议题包括雾霾、垃圾、转基因大米、调水、尾矿、地陷等，每个议题的内容均酝酿于真实的新闻现场，来自我2008年起从事环境报道的历程。我将在本书中揭示与生活息息相关的生态环境危机案例，但最终的目的并不是呈现骇人的生态环境污染现象，而是试图梳理中国应对环境危机的决策过程，反思环境政策制定、执行带来的影响。当然，对于环境政策效果的评估，本书很难做到面面俱到、系统深入，但是至少每个议题的讨论都是基于中立的实地调研以及多维度的求证，在诠释中国绿色化进程上，力求不失其说服力。

关于"绿色选择"的讨论主要围绕中国本土而展开，然而涉及的问题，并非一国之事。环境危机源自人类无节制索取的贪婪天性，正如英国历史学家克莱夫·庞廷（Clive Ponting）所言："人类靠着开发地球上的各种资源而繁荣，直到这些资源不再能够维持一个社会的人口，这就导致它的衰败，最终是整个社会的崩溃。"

中国的生态现代化和发展绿色化进程正如发达国家曾经历的那样：在已经为粗放式发展模式付出沉重的生态代价后，走上"先污染、后治理"的道路。值得庆幸的是，我们已经做出选择，经济结构的生态化、生活方式的绿色化，已成为未来国家发展、人们生活的迫切诉求，"正常的呼吸、喝洁净的水、吃安全的食物"或许不再是遥不可及的梦。

目　录

口罩成为人们抵抗雾霾最日常的工具/中新社记者刘关关摄于北京天安门广场

第一章 驱霾

城镇化、工业化长期积累的多种压力，特别是能源结构的压力，终于以"雾霾"的形式得到释放。雾霾来袭，人们选择无奈抵抗，却终归是治标不治本。

"空气保卫战"磕绊起步

生活在北京的居民，已经持续多日忍受着雾霾与沙尘的双重夹击。"每天早上我会拉开窗帘先看看有没有雾霾，我也有两个口罩，给我女儿一个我自己一个。"十二届全国人大一次会议新闻发言人傅莹在"两会"召开期间坦言对北京空气的感受。

据公开报道统计，在2013年地方"两会"期间，共有24个省份的"两会"代表提及空气质量问题，内容涵盖大气污染防治的各个层面。有舆论认为，从推动政策的角度来说，这雾霾来得"正是时候"。

"修改《大气污染防治法》"堪称"两会"期间呼声最高的议案之一。眼下该法修订稿的征求意见阶段已告结束，中国大气治理试从法律层面获得更严格、更具体的措施，以对大气污染物排放进行控制。这也意味着政府将拿出更严厉的手段进行大气治理。

随着《大气污染防治法》修改完成，"空气保卫战"以覆盖全国的方式拉开帷幕。值得关注的是，一些目标较明确的大气治理措施正在默默施行或酝酿中，各地的空气治理已在磕绊中起步。

PM 2.5 推进空气质量信息公开

"PM 2.5"是从2013年年初才开始在中国74个城市进行实

时发布的空气质量监测数据。看似简单的一条数据发布，背后潜藏着复杂的决策过程。

PM 2.5 进入中国百姓的视线，源于微博。2011 年 10 月 31 日，地产商潘石屹转发的一条微博称：北京朝阳区某驻华机构定时播报的数据，北京空气质量指数为 307，有毒害，PM 2.5 细颗粒物浓度为 257。同一天，北京市环保局在官方微博里赫然写着：空气污染指数为 132，轻微污染。空气中呛鼻的灰尘味引发了民间的自测空气质量行动。自测行动也席卷了广州、武汉等地。随着各路媒体持续跟进，关于 PM 2.5 的社会争议不断发酵。

按照北京市环保局当时的说法，环保局并不采用 PM 2.5 计算空气质量指数，而采用 PM 10 计算空气质量指数。事实上，从 2007 年开始，环保部已在 10 个城市组织开展 PM 2.5 的试点监测。相关人员证实，北京市包括各科研机构在内的 40 多个大气监测站，早就对 PM 2.5 进行了监测，只是监测数据从未向公众公开而已。

未将 PM 2.5 指数进行公布，除了因为传闻中的"监测能力不足，布点太少"外，更现实的理由是：在不包括 PM 2.5 的空气污染指数下，当时全国 70% 以上的城市空气质量可以达标；如果按照世界卫生组织第一时期过渡标准，将 PM 2.5 纳入修订中的新国标，中国城市空气质量的合格率可能会下降到 20%。

2011 年年底，国家环保部就修订中的《环境空气质量标准》是否纳入 PM 2.5 进行公开意见征求，最终因意见分歧未能通过。"有些地方还是怕空气质量变差，面子上不大好看。"中国工程院院士、中国环境监测总站原总工程师魏复盛曾对媒体表示。出乎意料的是，2012 年 3 月 2 日，在国务院新闻办公室的新闻发布会上，环境保护部副部长吴晓青表示，PM 2.5 平均浓度限值还是被增设到新修订的《环境空气质量标准》里。

地方政府对"面子"问题的担忧，终究没能抵过"大气治理"这个社会议题的发酵效应。2013 年 1 月，74 个城市的 496 个点位按照新的空气质量标准进行测定，进行空气质量的"日报"。人们对 PM 2.5 从陌生到熟悉的过程，几乎见证了近年来中国空气质量信息发布完善的新阶段。

排放标准升级，成本分担存争议

空气污染的信息在一定程度上得以公开，然而公众面对公开身份后的雾霾依旧焦虑。从更主动的角度来看，减排是治理大气污染的长久之计，减排的第一步是识别大气污染来源。

2013 年 2 月 20 日披露的复旦大学环境科学与工程系课题组的研究成果显示，大量机动车尾气排放是我国中东部大部分地区雾霾形成的主要因素。随后，中国科学院"大气灰霾追因与控制"专项组提出的建议中指出，治理雾霾需高度关注柴油车排放和油品质量。

尽管各个城市政府的研究对于大气污染的来源有着庞杂不一的认识，"机动车排放造成大气污染"仍是一个相对的共识。

"30 年前我到北京时，路上没有多少车，可是现在北京的机动车保有量已经站到了世界的前列。"国际清洁交通委员会董事会主席 Michael P. Walsh 告诉笔者。他援引 2011 年中国环境与发展国际合作委员会年会曾发布的一个数据：在北京、上海以及珠三角地区，机动车对城市 PM 2.5 的贡献量达到了 22%～34%。

目前，中国的一线城市已开始陆续采取对汽车购买的限制措施。即便中国的机动车数量保持这种高速度增长，从国际经验来看，只要执行严格的排放标准，机动车污染的排放量依然是有可能下降的。中国政府显然已经意识到机动车污染控制是推进空气质量改善的关键举措。2013 年 1 月 16 日，伴随我国大范围雾霾天气缓解，受到社会各界广泛关注的《轻型汽车污染物排放限值及测量方法（中国第五阶段）》（以下简称"国五标准"），正式向全社会第二次公开征求意见。

北京市政府在机动车排放污染控制上走在了前列。2013 年 2 月，北京率先实施了国五机动车排放标准。截至 2013 年 4 月 9 日，除北京外，国五标准并没有在中国的其他城市实施。不少业内人士认为，制约机动车排放标准在全国范围内进一步提升的最大障碍是油品质量。"只要能够供应更加清洁的燃料，中国就可以实施国六标准，实际上汽油车实现国四标准的时候，已经有了一些比较先进的 PM 2.5 控制技术，对于柴油车来说，就是对DPF（柴油机微粒捕集器）的技术进行了强制的要求，这能直接降低 PM 2.5 的排放。"Michael P. Walsh 告诉笔者。

油品里有诸多重要参数会影响到机动车的排放，关键性的是汽油中的硫含量。在低硫燃油保证供应的情况下，现在已经成熟的 PM 2.5 的控制技术，能够达到 100% 的 PM 2.5 去除能力，至少高达 95% 以上。环保部机动车排污监控中心主任汤大钢公开指出，清洁燃料主要是无硫的燃料，目前中国做不到无硫，可以先做到低硫，也就是硫在燃料总质量中占比为 0.05‰或 0.01‰，如此就能实施全世界最严格的汽车排放标准，来解决汽车排放导致空气污染特别是 PM 2.5 的问题。

从技术层面而言，油品质量的提升并不是难题，目前国内油品已经能够做到硫含量为 0.01‰的水平。但是排放标准能否顺利推进并升级，还是落在"成本分担"的问题上。

中国工程院院士、清华大学环境系教授郝吉明 2012 年 3 月与 15 位院士一起给国务院写了一封信。"浙江省在 2012 年提出把油品从国三标准提到国四标准，告诉老百姓可能要涨三毛钱，浙江大多数人都有了心理准备，没有因为涨钱不同意转换。"郝吉明提出，对油品价格上涨的问题，中央从节能减排的资金中给予适当的资助是应该的，因为油品质量提高之后对各种污染物的减排都有效果。同时，中石油、中石化应通过技术革新，适当减少增加的成本，公众再承担一部分。

"煤炭消费总量控制"试化解统筹治理难题

从 2013 年 1 月 10 日开始，连续 6 天，在中国环境监测总站网站"全国城市空气质量实时发布平台"页面上，代表严重污染的"棕色小点"密密麻麻。京津冀地区连续发布大雾橙色预警，山东、四川、安徽等省市也发布了橙色预警，河南新乡和开封甚至发布了红色预警。

此次大气污染的显著特点是糟糕的空气席卷了大半个中国，

各地 PM 2.5 指数频频"爆表"（如果用 AQI 来定性，指数超过 500 就属于"爆表"），雾霾天气超出了国际制定的空气质量忍耐边界。

随着城市规模不断扩张，受大气环流及大气化学的双重作用，城市间大气污染相互影响明显，相邻城市间污染传输影响极为突出。在京津冀、长三角、珠三角等区域，部分城市可吸入颗粒物受外来源的影响为 16%～26%。

显然，新一轮的"空气保卫战"不能靠某一个城市单打独斗，需要以统筹治理的方式，实现区域协调作战。区域联防联控在中国已有一些短期成功的先例，比如 2008 年的北京奥运会要求京津冀方面合作，类似的还有上海的世博会、广州的亚运会都是区域的合作，这 3 个城市举办大型活动的时候，周边的城市也都采取了大规模的治理措施，包括工厂限产、交通限行。只是，这些尚没有形成长效的机制。

国务院 2012 年年底批准的《重点区域大气污染防治"十二五"规划》（以下简称"《规划》"）或许能让人看到希望。按照《规划》目标，到 2015 年，京津冀、长三角、珠三角等大气污染严重地区，细颗粒物 PM 2.5 年均浓度要比 2010 年下降 6%。而这场对抗 PM 2.5 的战役要在 2015 年看到结果，就必须建立统一协调的区域联防联控工作机制。

按照《规划》，要在全国环境保护部联席会议制度下，定期召开区域大气污染联防联控联席会议，统筹协调区域内大气污染防治工作。然而，从目前来看，联席会议制度一直难以推进，各地区都在强调各自的难点和利益。

联席会议制度陷入困境，中国科学院大气物理研究所研究员王跃思认为，最大的原因在于体制，环保部与省级政府之间属于不同的行政职能划分，地方环保局局限于地方政府的实际管理，难以起到有效的监督和执法作用。

各省区市之间有行政区划的边界，大气污染物并没有界限。环保部新的思路是，空气污染治理不能再"各管一段"，要建立区域大气污染联防联控机制。联防联控至少包括联合执法机制、重大项目环境影响评价会商机制、环境信息共享机制、大气污染预警应急机制。一旦这些新机制启动，传统的环境管理思路将要进行重大的调整。

2013年3月15日，环保部副部长吴晓青的一番话给统筹治理带来了新的希望。在"两会"新闻发布会上，他宣布"十二五"期间将在京津冀、珠三角、长三角以及山东城市群开展煤炭消费总量的控制试点。这一措施将倒逼地方政府积极发展清洁能源，以改善空气质量。其实，区域性的煤炭消费总量控制，近年来一直被呼吁。长期以来，煤炭一直占据着我国能源消费结构的主导地位，实行难度可想而知。

（原载于《瞭望东方周刊》2013年第14期，有改动）

【手记】

城乡生存的环境质量一直是笔者长期关注并着力报道的领域。近年来，因空气污染而备受诟病的中国大型城市面临着经济发展和大气治理的双重压力。2013 年春季以来，席卷中国多地的雾霾，更是令公众怨声载道。

本篇报道并没有聚焦于空气污染的现状和严重性，而是试图探讨如何以更有效的方式来应对空气质量的下降。笔者从微观的细节入手，提炼并首次还原了中国空气治理现有的主要技术路径：空气信息质量公开机制、排放标准升级、煤炭消费总量控制。笔者对这些技术路径并不是简单地展现，而是通过与相关领域专家多次访谈、反复求证，最终以环环相扣、步步深入的叙述方式展现在报道中。

技术路径的展现只是第一个层面，笔者通过探讨技术路径背后的争议，客观凸显了中国城市在空气治理上的选择空间，以此为中国空气治理提供具有可行性的路线图。报道发表后，数十家主流媒体，如新浪、搜狐、中国新闻社、《科技日报》等及时跟踪报道，并在微博等新媒体引发网络热议。此外，《大气污染防治法》纳入国家立法议程的条件已成熟，本篇报道的内容被推荐给《大气污染防治法》修订的相关研讨会，参与的学界、政界代表对本报道做了深入交流并指出，本篇报道以深入的观点为修改《大气污染防治法》献计献策，持续引发社会各界人士的广泛关注。

北京治霾：7600 亿元花在哪

2014 年 3 月 1 日零时起，北京市环保局在全市范围内发起大气污染防治专项执法检查。北京宏翔鸿热力有限公司在这场检查中，因燃煤锅炉房二氧化硫、氮氧化物均超标，收到一张 8 万至 10 万元的罚单。

有关罚单的消息，旋即散布开来，其实受关注的并不单纯是这张罚单，而是当天《北京市大气污染防治条例》正式实施，这是条例启动后的第一张罚单。这意味着，北京治霾从此变得有法可依。鉴于雾霾的严峻形势以及从北京到中央的决心，北京的治霾路线图在政策层面上逐渐清晰起来。

7600 亿元花在哪

2014 年 1 月 18 日，《北京市大气污染防治条例（草案）》提交北京市人民代表大会审议，降低 PM 2.5 首次纳入立法，这也是时隔 13 年后，北京市人民代表大会再次行使立法权。

会议期间，最大的动静是北京市市长王安顺当众表示"治霾决心"。2013 年 9 月，国务院专门出台治理大气污染的条例，王安顺代表北京与中央签订责任状，下定壮士断腕的决心。"也是生死状，因为中央领导说，2017 年实现不了空气治理就'提

头来见'。这虽是玩笑话，分量却很重。"王安顺指出，实施
"北京市第一轮垃圾处理、污水处理三年行动计划"，要投入848
亿元；而治理PM 2.5投入将高达7600亿元。

7600亿元资金将投向何处？舆论一时纷纷揣测。为此，北
京市环保局首度概述了治霾资金的流向。北京市环保局规划财务
处工作人员郑定伟表示，北京治理大气污染的资金主要围绕清洁
空气行动计划的实施，重点是压减燃煤、控车减油、治污减排、
清洁降尘4个领域。从环保专项资金投入情况来看，燃煤锅炉清
洁能源改造等燃煤污染防治，以及老旧机动车提前淘汰更新等机
动车污染防治方面的投入力度最大。

"压减燃煤使用量，提高清洁能源使用比例"无疑是北京市
治霾路线图中首要的基本战略。北京将通过燃煤电厂关停、建设
四大燃气热电中心、核心区"煤改电"、燃煤锅炉清洁能源改造
等重要工程进一步压减燃煤使用量。

这些以"压煤"为目标的工程实施已久，被政府部门认为
效果显著。2001年，北京市核心区平房居民开始实施"煤改电"
工程。截至2013年年底，北京城市核心区4.4万户居民"煤改
电"外电源工程总体完工，全市累计有26.4万户居民采用清洁
的电采暖过冬，被认为可大大降低中心城区冬季采暖煤烟型污
染。2009年，北京市二环内文化保护区7万多户居民实现"煤
改电"。时任北京市环保局新闻发言人杜少中透露，2009年"煤
改电"工程预计投入资金约70亿元。该工程投入力度之大，可
见一斑。

从外围来看，为了加强电力、天然气等清洁能源的供应力

度，一些新的工程投入正在不断加码。眼下，北京正在开工建设陕京四线、大唐煤制气（密云—李桥段）工程，增加北部供气通道。在 2015 年年底前，北京不仅要基本实现核心区域内无燃煤锅炉，还要让远郊区县具备天然气等清洁能源供应条件的地区，燃煤锅炉逐步改用清洁能源。

机动车污染防治仍是北京治霾的另一项基本战略，尽管 2013 年以来诸多研究机构对机动车污染占雾霾源头的比例仍有争议。2014 年，北京限购政策进一步升级，小客车摇号指标从每年 24 万辆缩减至 15 万辆。与此同时，拖延许久的新能源车私人购买试点终于在北京启动，北京诸多新建小区纷纷承诺，将为适应新能源车的发展，建立一定数量的充电桩作为保证。

这些新政直接指向一个清晰的目标：到 2017 年年底，北京市机动车保有量要控制在 600 万辆以内，实现淘汰老旧机动车 100 万辆。

"联防联控" 有技术储备，难在利益统筹

当北京市政府充分意识到大气污染的发生是区域性的污染，特别是经研究发现北京 24.5% 的大气污染不是本地贡献的，北京的"空气保卫战"就从单兵作战，演变为整个京津冀地区联合作战的局面。联合作战的内容包括监测预警、信息共享、环评会商、联合执法、重污染应急等。

这种联合作战的方式被官方称为"联防联控"。2013 年 9 月，京津冀及周边地区大气污染防治协作小组成立，北京市、天

津市、河北省以及国家发展和改革委员会、工业和信息化部等为成员单位。2013 年 10 月，协作小组召开第一次会议，建立了京津冀及周边地区大气污染联防联控工作机制。

作为大气质量的利益攸关方，京津冀及周边区域可谓"唇齿相依"。从 2013 年开始，在北京治霾的路线图中，"区域联防联控的协调机制"成为不二选择。北京市环保局大气污染综合治理协调处副处长李立新介绍说，京津冀及周边区域大气污染联防联控正在有序推进，2013 年区域内 6 省区市已经出台了环保电价、车用油品质量升级价格、鼓励新能源车推广应用等经济政策。在此基础上，2014 年还会出台包括强化煤炭质量管理、提高排污收费标准、调整成品油消费税等配套政策。区域内信息共享、空气质量预报预警及应急联动等工作机制也将不断完善。

国家层面对联防联控也抱有很大的期望。国家主席习近平2014 年 2 月 26 日在北京主持召开座谈会时，就雾霾问题提到将把区域基础设施一体化和大气污染联防联控作为优先发展领域。"在区域联防联控方面，我国具有一定技术储备。"北京大学环境科学与工程学院教授张远航说，在过去的 5 年到 10 年里，京津冀、长三角、珠三角地区都做了一系列科研项目的部署。特别是在区域空气质量监测网的建立等一系列支持空气质量管理和污染防治关键技术上，取得了一些具有原创性的技术研发成果。

虽然被寄予极大的希望并被认为在技术上已具有实践经验，联防联控机制自 2013 年运行以来，仍面临难以回避的现实难题。在联防联控过程中，国家环保部给出的对策是：加快淘汰落后产能，优化重点行业区域布局，对环境敏感区重污染企业实施搬迁改造；推进能源清洁利用，优化煤炭利用方式，增加天然气供应。

对此，北京市环保局副局长庄志东做了表态："压煤、控车、调整工业结构、治理扬尘。"对于首当其冲的"压煤"，到2015年北京煤炭消费总量将削减到1500万吨。20蒸吨以上大锅炉，到2015年就可全部改造完成。

事实上，压力最大的不是北京，截至2013年6月，北京市燃煤总量为2500万吨，天津市约为5000万吨，河北省则高达3亿吨。而且，北京市在上一轮经济结构调整中，已将钢铁、水泥等重工业迁出，形成以服务业为主的产业结构，服务业比重接近80%。

由于历史原因，河北省的建材、石化、电力等行业比重较大，其中粗钢产量超过全国总量的1/4，能源消费量居全国第二位。

因此，治霾联防联控，最终难在区域间利益的统筹。早在2008年奥运会时，北京就有了一次大气污染防治联防联控预演。当时，为了确保北京奥运会期间的空气质量，京津冀晋蒙的部分污染企业都停工了一段时间。河北省环保厅副厅长殷广平曾坦言，河北省为奥运会先后关停3批使用燃煤的企业。当年，河北省地区生产总值为1.62万亿元，增速同比回落2.7个百分点。

对于"污染输出地区"北京来说，相对落后的产业已经转移走，在联防联控过程中，是否需要为联合治污支付成本？对于"污染输入区域"河北而言，是否会以自身需要加快发展为因由，不愿在治污上"动真格"？这些问题在联防联控所引发的结构调整压力下，有待回答。

绿色考核成政府"必修课"

2013年年初，北京在内的全国31个省（区、市）与环保部签署了《大气污染防治目标责任书》，其中要求京津冀及周边地区（北京、天津、河北、山西、内蒙古、山东）、长三角、珠三角区域内的10个省及重庆市重点考核PM 2.5年均浓度下降，而北京、天津、河北确定了下降25%的目标。

早在"全国版"的责任目标公布之前，为了成功"治霾"，北京2011年曾率先于其他城市提出"十二五"煤炭消费总量控制的具体计划。然而，自实施以来，这一目标就被质疑有空谈之嫌。原因在于，始终没有建立有效的考核标准。

目标再明确，如果缺乏考核与惩戒功能的措施，也很可能流于形式。在目前的体制环境下，若没有刚性的"绿色考核指标"，京津冀区域的地方政府仍将以GDP为导向追求政绩，北京以及周边则将继续雾霾的天气。

"真正治理雾霾，要让绿色考核成为政府'必修课'，通过考核这个指挥棒来引导地方政府往绿色发展的方向转型。一方面，应将PM 2.5指标与污染物减排考核挂钩；另一方面，要将污染物减排考核与地方官员政绩考核挂钩。"中国环境科学研究院副院长柴发合说。

北京治霾的政绩考核之路，已是势在必行。2014年，北京市已将大气污染防治纳入目标责任考核体系，每年年初对各区县、市有关部门上年度任务完成情况进行考核；同时，建立了相应的督察检查机制，对违法行为及时进行曝光查处，对工作不力、履职缺位的情况，严格进行考核问责。

然而，考核体系如何建立？国外的一条重要经验成为备受推崇的参考方案，即"空气限期达标管理制度"。中国环境科学学会理事长、环保部原总工程师杨朝飞透露，在2000年《大气污染防治法》修订时就曾提出这项制度，当时仅局限于北京这样的重点城市实施，要求重点城市制定"空气限期达标规划"，并且限期实现，然而最后基本没有落实。

该制度没有落实的原因主要是在修订时没有写清楚包括"达标治理规划"应当由谁来组织制定，由谁来负责审批、评估、考核和处罚，由谁来负责监督。

"限期达标管理制度的核心是要落实政府的责任，而不是专门要求企业达标。这并非说企业达标不重要，只是对地区进行强制限期达标，主要是强调政府的责任，政府对大气污染防治负有主要的责任，政府对达到空气质量标准负有不可推卸的责任。要建立这个制度，必须要在立法中写清达标治理规划有关制订、实施、审批、评估、考核、处罚和监督的几个环节。2000年的《大气污染防治法》中，只是笼统的一句话，地方政府不落实，也没办法去追究。"杨朝飞说。

据悉，环保部正在拟定涉及19个省份的考核办法，包括大气污染治理项目投运率、机动车黄标车淘汰率和尾气检测率等多个指标，并争取对空气质量实施一票否决制；其中"规划年度考核"与"终期评估结果"将向国务院报告，作为地方各级政府领导班子综合考核评价的重要依据实行问责制。

更加乐观的信号是，环保部副部长吴晓青 2014 年 3 月 9 日透露，受国务院委托，环保部与全国 31 个省区市签订大气治污目标责任书后，考核办法正提请国务院审议，预计 2014 年上半年发布。届时，北京的治霾将与更具操作性的考核办法挂钩。

（原载于《瞭望东方周刊》2014 年第 11 期，有改动）

【手记】

雾霾不仅让呼吸变得沉重，也让旧有的空气治理方法和模式面临着变革。在 2014 年的《政府工作报告》中，国务院表达了向雾霾宣战的决心。然而，这不是一场简单的环境保护战役，它涉及整个社会发展方式、执政理念的转变。

北京作为首都，也是雾霾深重的地区，率先投入 7600 亿元治理雾霾，然而这 7600 亿元究竟投往何处？起到怎样的效果？本篇报道首次发出这样的追问，通过与政策执行者、专家、第三方评估者共同的探讨，深入分析了北京当下治理雾霾的思路，直接指出压减燃煤使用量是北京市治霾路线图中首要的基本战略。通过精确的数据和相关政策分析，本篇报道进一步揭开 7600 亿元投入背后的执政模式转变，聚焦京津冀大气污染防治联防联控难执行的症结，以翔实的数据和扎实的调研资料，揭示隐藏的区域间利益统筹难问题。

本篇报道首次披露北京治霾资金流向，引发舆论热议，新浪、搜狐、网易等数十家媒体全文转载，人民论坛、中华城市论坛等网络论坛的网友针对报道内容展开热烈的讨论，同时引发财经媒体对治霾相关产业的发展跟进报道。

随意性政策驱不了霾

——对话科技部原副部长刘燕华

2014 年 3 月 26 日，雾霾再袭京津冀，北京遭遇 5 级重度污染，其他地区均为中度污染，华北黄淮局部地区能见度不足 1 千米。中国环境监测总站的全国城市空气质量实时监测数据显示，当天北京的空气质量指数为 380，严重污染。

对于雾霾笼罩的天气，公众似乎已经习以为常，不少人在社交网站上调侃："除了期待一场又一场的大风，我们还能指望什么？"

这样的调侃让正在牵头研究"中国空气污染治理"课题组的科技部原副部长刘燕华心有不甘。在他看来，应对大气污染，政策要求和科技进步的共同发力曾取得重要收获，二氧化硫减排便是一个成功案例。

眼下，各种以科技创新为名的治霾手段层出不穷。2014 年 3 月 3 日，中国科学院生态环境研究中心研究员贺泓对媒体表示，中科院将在北京市怀柔区建设世界最大的"烟雾箱"以解决污染难题，而"烟雾箱"只是一个庞大的大气环境模拟系统研究计划的组成部分，目前初步预计需要 5 亿元。

2014 年 3 月 4 日，河北省气象局宣布正在联合京津气象部门共同探索人工消减雾霾新路径，并且已开展两次飞机探测实验，获取了一定的空间探测数据，为通过人工措施缓解雾霾压力提供了初步依据。

技术利器在中国对抗雾霾天气的战斗中究竟取得了怎样的效果？如何才能发挥更大的支撑作用？针对科技突破与创新在应对雾霾中的真实效应，笔者与刘燕华进行了一次充分的讨论。

技术政策研究需提上日程

笔者：2014 年 3 月 4 日，科技部发布了编制完成的《大气污染防治先进技术汇编》，对大气污染防治方面的科研成果及应用情况进行了全面梳理。这是否意味着我国已经研发出一系列自主知识产权的治霾技术？究竟达到怎样的水准？

刘燕华：这次汇编的都是国家已有的技术。应该说，中国的科学家在治理雾霾的技术方面，已取得了很多突破，比如 PM 2.5 的监测技术。值得注意的是，汇编入选的先进治霾技术，主要是在某一个技术环节上是有所进步的。但是，任何环节的进步，并不代表整个系统的进步。现在最难的是，要把各种技术配合在一起正常运行。

笔者：中科院方面表示，将在北京市怀柔区建设世界最大的"烟雾箱"以解决污染难题。目前初步预计需要 5 亿元。这类技术项目，会比较容易得到政策支持吗？

刘燕华：我无法妄加评论，现在是要解决问题，而这属于基础研究，我觉得可以从事基础研究，但是这个项目有相当的时间距离。据悉，就算从现在开始建设，也要等到 2018 年才能建好运行。

然而，单项技术的进步并不能解决中国雾霾的问题，关键要运行系统通畅，现在恰恰是运行系统不够通畅。可能某一项技术会很先进，但是这些技术的使用可能带来的风险、效益等整体影响缺乏研究。

笔者：政策支持如何改善，才能为消除雾霾提供技术保障？

刘燕华：在政策支持中，雾霾治理技术的研究可能对于某一项技术的研究比较重视，譬如对于原理研究的支持比较多；但是对于整个雾霾治理技术战略的研究、整体布局的研究，比如技术引导的方向、经济成本核算、技术的先进性等，涉及较少。

已有的技术支持政策，基本上都是支持单项技术，很少去支持整合的技术，因为整合的技术通常被认为是软科学，不被重视，也得不到支持。现在，治理雾霾的战略性研究、技术政策研究应该提上日程。

雾霾归因研究技术评估，正式启动

笔者：事实上，政府和研究机构对于雾霾的来源有着庞杂不一的认识，2014 年年初，中科院报告称汽车尾气在雾霾来源中占4%，复旦大学则认为该比例超过20%。为何到目前为止，国内对雾霾的来源还不能形成统一的认定？

刘燕华：雾霾是由多种因素，随着时间、温度变化、排放物的不同，经过一次化学反应、二次化学反应形成的，经历了非常复杂的形成过程。而且，在不同区域雾霾形成的成分不同，且变化很快。当然，雾霾的主要来源是化石燃料的过度排放。

关于雾霾的成因，各科研机构的说法之所以有差距，是因为每个科学家选择分析研究的要素是不同的。首先他们都采取了一定的样本进行测算，但是坚持4%比例的机构，其研究只是基于一次污染、一次污染排放的成分。一次污染排放物相当于催化剂，而其在空气中与其他颗粒物产生二次化学反应产生的雾霾，则没有算在内。

在雾霾的归因研究上，中国还存在极大的空白。特别是缺乏对雾霾归因研究结果的整体评估。科学家可以从各个角度进行雾霾的归因研究，但是最终需要把这些结论汇总到一起，评估出哪些有道理，哪些有欠缺。评估得出的主流认识需要尽早向社会公布，这样会让大家吃一颗定心丸，让公众对雾霾有基本的认识，最终也让决策者形成整体的认识，知道治理雾霾的大体方向。

笔者：这在多大程度上会影响到雾霾治理的结果？

刘燕华：现在的情况是，每当一个科学家发表一篇雾霾成因的文章，就会影响一次治理的决策，最终造成了认知的混乱和决策的不稳定，直接导致雾霾治理的政策充满随意性。最近，科技部正在启动这一评估，对雾霾天气治理的技术和归因等进行整体评估。

"煤炭消费总量控制"看上去很好

刘燕华：为什么中国长三角等东部地区雾霾这么严重？因为这里是人口最集中、产业最集中的地区，集中了中国近70%的人口，按照每平方千米的燃煤使用量计算，这一区域的使用密度大概是世界平均水平的15倍。这是中国工程院的研究结果。

这么多燃煤集中在这一地区，密度太大。中国大部分汽车集中在东部，中国东部地区每平方千米汽车的密度是美国平均密度的两倍。中国东部地区的化石燃料使用量远远超过世界平均水平，且过于集中。雾霾产生是这一区域高碳模式发展的必然结果。

雾霾的出现，从根本上来说是中国能源病、结构病和体制机制病的综合反映。近30年来，中国过度地依靠化石能源来解决动力问题，治理的过程中要从体制、机制这些根本问题上着手。

笔者：燃煤消费总量控制进入地方决策者的实践被认为是一种进步，可以实现空气质量改善和能源结构调整的双重目标。目前，北京、天津等不少地区相继试水煤炭消费总量控制，这也是基于国家的宏观目标。在千呼万唤始出来的《大气污染防治行动计划》中，国家已经明确提出要制定国家煤炭消费总量中长期控制目标。这是否意味着能从根本去改善空气质量？

刘燕华：提出"煤炭消费总量控制"看起来是一件好事，煤炭消费不再增长，但是实际上推行这一政策还存在阈值，即环境容量的高限值的问题。现在我们都知道燃煤使用的密度远远超过了生态容量，只是这一区域的煤炭利用强度达到多大的值才能保证没有雾霾，也就是煤炭使用量超过多少是合适的值，目前为止没有人去研究。大家一哄而上地进行总量控制，却是缺乏前提性研究的，即没有对生态容量进行基本的测算。

笔者：也就是说消费总量控制到什么程度，政府本身并不清楚，现在各地提出的控制目标，只是减少百分之多少。

刘燕华：现在的总量控制指向不再增加煤炭消费量，但是总量控制到什么程度才能保证不雾霾，没有进行关键性的研究。在中国的环境下，总量控制多大的强度和力度是可行的，现在这项研究还是空白。一旦这个总量超过阈值，雾霾还是会继续存在。

笔者：这意味着在缺乏科学依据的前提下，推行了煤炭总量控制政策。

刘燕华：现在很多治理雾霾的决策，看起来决心很大，会花很多钱，但并不能解决雾霾的实质性问题。

治理雾霾须转向控制燃煤散户

笔者：治理雾霾天气，主要还是控制污染物的排放。控制煤炭消费产生的污染，减少煤炭使用被认为是首要的方式。像华北地区不但是产煤、耗煤大区，更是雾霾天气的重灾区。同时，华北地区没有充足的水能、核能等能源来替代燃煤，只能依靠技术改造等实现雾霾治理的效果。现在中国的污染控制技术，起到了怎样的效果？

刘燕华：对于中国的煤炭消费来说，一半是用于燃煤发电，一半是用于散户，比如小锅炉、居民自家的取暖。其实中国大的燃煤供热发电厂在污染物控制上已经达到国际水平。与此同时，散户对空气污染排放的"贡献"是最大的，散户使用的煤炭通常不是优质煤，而且小锅炉的单位排放量要比高技术的燃煤发电大得多。这里存在一个基本测算，散户在使用煤炭过程中的污染物排放量占到总体空气污染物排放量的70%～80%，这里主要指燃煤。

虽然绝大部分的污染源来源于散户，但是治理措施主要还是在燃煤供热发电厂这些大户上。毕竟散户排放量大，技术不高，而且不可控。

建议国家雾霾治理的主要方向和投资应该转向解决散户的污染排放，这样减排的效率会更高。例如，北京的郊区家家户户还有煤烟味。如果能把散户解决好，是花小钱办大事。解决排放比例更大的散户，工作起来比较费劲。这根骨头不啃，造成空气污染的绝大部分问题是解决不了的。

中国电力企业联合会秘书长王志轩也曾撰文指出，燃煤虽然是造成雾霾的重要原因，但不是电厂的燃煤，而是大量的工业锅炉、炉窑及生活散烧燃煤。

笔者：在控煤的问题上，当下是否面临着整体思路的调整？

刘燕华：这几年，北京以及各地都提出了一个口号——"煤改气"，这样就需要大量的投资，进行设备改造。这里可以核算一笔账，煤改气以后能降低污染物排放多少呢？可能降低不到1%。同时，投入了几十亿元甚至上百亿元的钱。投入和结果不匹配，等于是用高射炮打了一只蚊子。

华北地区大部分的气都供给北京使用，"煤改气"之后北京要抢占周边地区的天然气份额。这样，天然气又不够用了。北京市之后又提出"煤制气"，又花了一笔钱。"煤制气"过程中造成的能源损失，至今没有计算进去。有些做法确实值得商榷。

笔者：现在全国各地都提出了治理雾霾将要投入的资金，北京治理 PM 2.5 投入将高达 7600 亿元。治理的钱将来用在哪里？合算不合算？这些都是棘手的问题。

刘燕华：治理雾霾，政府有决心要赞扬，但是必须有治理雾霾的成本核算，讲究整体有效。整体有效是指区域性的，而不是局部有效或者局部的业绩。情况不明，决心大，造成很多浪费，在治理雾霾过程中反而又增加了雾霾。

笔者：成本核算现在是否已经在推进中？

刘燕华：甚至还没有人研究这些。现在只是急着政策拍板，表决心。拍板这些决策、治理雾霾的时候，需要有效的科学论证。

（原载于《瞭望东方周刊》2014 年第 12 期，有改动）

未经处理的矿渣被露天堆放在山区里/作者李静摄于重庆某尾矿渣场

第二章 消耗的资源

大规模开采自然资源在更深程度上满足了增长的人口需求和欲望。那些消耗的资源是否超出环境的承受力？造成的灾难性环境污染后果由谁来负责？这些都是无可回避的问题。

"锰三角"尾矿隐患调查

长期以来，那些隐藏在深山峡谷中的尾矿库，仿佛不存在一般，直到尾矿库塌陷，成千上万吨有毒的尾矿渣伴随着滔滔江河水冲至城市水系。2011 年夏天，绵阳市的老百姓经历了这样的一幕，当地饮用水因电解锰尾矿库污染而整整停水一周，超过 20 万居民需要依靠瓶装水度日。人们无法想象的是，这样的生存威胁乃是由距离绵阳 300 千米以外、阿坝州松潘县深山里一座小型尾矿渣场塌陷所致。

而在中国大江大河的沿岸，堆放着诸多如此规模的尾矿，这些尾矿要么重金属含量超过浸出毒性标准，要么含有急性毒性的危险成分。因为在技术上缺乏有效的处理方法，一些缺乏安全处理的尾矿库好似定时炸弹一般，存放在自然界中，一旦遭遇山洪等地质灾害，这些隐患就会以事故的状态，闯入人们的视线。

这些潜伏的隐患究竟是如何形成的？何时能够根治？带着这些疑惑，笔者走访了锰渣尾矿密集的"锰三角"地区，这里曾经因污染问题数度引起中央关注，如今虽然有自上而下的治理压力，但是尾矿隐患的消除依然面临难解的困局。

危险的溶溪河

2011 年 12 月中旬，武陵山区已然入冬，位于此间的酉阳土家族自治县却还是一派青山绿水的景象。清晨，笔者沿着蜿蜒的山路前行，农舍、树林浸在白色的雾霭中，一条名为溶溪河的长江支流宛如碧带般缠绕在山脚下。

路旁的广告牌提示外来人：这里正在建设桃花源 5A 景区。

世外桃源般的景致让人陶醉，但是行至龙潭镇五育村，只见靠近河岸处，清亮的河水浮现出黑色油墨般的颜色，笔者向路过的十几位老百姓打听原因，均表示不知情。挨家挨户地寻访住在河岸的农户，直到中午，一位姓吕的女性村民向笔者透露，黑水是从附近的尾矿库里排出来的。

河岸一侧的高山峡谷中正堆放着 30 多万方的锰渣尾矿。在附近转悠的一位尾矿库员工听到吕女士的话后上前反驳，表示尾矿库里排到河里的都是山水（山泉水或雨水）。"山水都是清亮亮的，黑墨水一样的怎么可能是山水。"吕女士肯定地说。

30 多岁的吕女士，原本住在尾矿库所在的高山上，2001 年因重庆天雄锰业有限公司（以下简称"天雄锰业"）要在山上建尾矿库，吕女士一家和十几家村民搬到了山脚下的河岸边。最初，村民们并没有意识到生活正起变化，他们仍按照世代居住的习惯，在河里取水、洗衣物、游泳。只是，随着时间的推移，他们发现这条河已经不如过去那般干净。

"现在没得人敢在河里游泳啦。"同住在山脚下的冉女士感叹，现在村民们只能从高山上引水下来或走到 2 千米以外的地方去挑水，河里的水已不能饮用。而且村民发现随着山上的尾矿越堆越多，在山下种的蔬菜很难生长起来。特别是水稻种出来以后，很多穗里都是空心的。再后来，水稻根本就种不了，秧苗插进水里就死。溶溪河下游原本以种水稻为生的农户，现在基本不能再种水稻了。

水脏了，生活无法继续，沉默的村民曾在 2005 年爆发，十几户人家找到天雄锰业，讨要污染补偿费，结果并不如愿。多数村民选择了沉默。

沉默之后是更大的恐惧。2008 年，尾矿库附近的村民发现，天雄锰业的尾矿坝出现了倾斜、开裂、渗水等现象。"那时候山里的矿渣堆得很满了，我们很担心，这里春天、夏天山上的洪水很厉害，大坝要是有了问题，被洪水一冲，渣子从山上倒下来，整条溶溪河就全完了。"冉女士忧心忡忡地说。

2008 年 10 月，重庆市安监局及酉阳县安监局对这一隐患进行了现场核查，确认属实。然而，隐患并未消除。2010 年春，老百姓担心的事还是发生了。连续多日的暴雨后，天雄锰业尾矿库底部涵洞出现塌陷，锰矿渣混同渣场的渗液从尾矿库的涵洞里流出，倾入山下的溶溪河，河水顿时漆黑一片。

天雄锰业生产总监吴子龙告诉笔者，这次塌陷范围极小，只有 20 多平方米。2002 年起就关注渝东南锰矿的重庆绿色志愿者联合会会长吴登明告诉笔者，天雄锰业尾矿底部的塌陷，绝不止于这个范围，如不认真整治，范围仍将进一步扩大。

当地春夏季的降雨量可达到 200 毫米，山上的受水面积为 5

平方千米，山洪都往尾矿库所在的峡谷里走，因为现有的设计不到位，过水量不够。"到时候，威胁的不仅是溶溪河。"吴登明指出，溶溪河将流入洞庭湖，最终汇入长江，尽管此地距离大城市遥远，一旦大范围垮塌，将直接影响到300多千米以外张家界等地的饮用水。

2011年夏天，松潘垮塌尾矿的位置距离绵阳300多千米，因地处岷江上游，仍直接污染了绵阳市的饮用水。而天雄锰业尾矿库的锰渣储存量，远超过发生事故的松潘县岷江电解锰厂的尾矿容量。

监管多年缺失

天雄锰业的尾矿坝只是溶溪河两岸尾矿隐患的一个缩影。作为酉阳县境内最大的、人们赖以生存的河流，溶溪河发源于秀山县，流经酉阳，河流两岸遍布了10多处尾矿。

对于龙潭镇的年轻小伙子付云来说，和其他尾矿相比，天雄锰业的尾矿库算是比较规范的。笔者爬上天雄锰业尾矿库所在的高山顶峰，发现该尾矿库确实在尾矿周围配备了一些环保处理设施，如废水处理系统、雨水截洪沟等。尾矿库正对的山脚下还有一排简陋的平房，作为废水处理的二期厂房。

就在距离天雄锰业尾矿库不到3千米的江丰乡，九鑫锰业有限公司（以下简称"九鑫锰业"）的矿渣像露天垃圾场一般，直接堆放在溶溪河的岸边，低矮的砖头墙围绕着高高隆起的渣场。紧邻河水的一侧，象征性地建起一面比渣场堆放高度略高出1倍的砖头墙。"连个像样的坝都没有，要是遇到什么 50 年一遇的暴雨，不管是山上洪水冲下来，还是溶溪河的水涨起来，这个渣场直接就淹到洪水里去了。"付云皱着眉头说。

在九鑫锰业尾矿渣场的一侧，笔者发现一条从渣场内部延伸出的水渠。因冬季雨水少加上工厂最近并未生产，水渠内无流水，而底部的黄土是明显的黑褐色，踩上去脚底便沾上黑色的矿渣。水渠的最终出口是溶溪河。"九鑫锰业的尾矿渣场这么些年，通过这个渠向河道里直接排放了大量污水。"付云说。

污水来自于电解锰生产中的废水，以及矿渣堆放产生的渗透液。在渣场内，笔者看到生产设备简陋得像个手工作坊，渗滤液处理等环保设施均没有配备。

吴登明指出，在整条溶溪河沿岸，像九鑫锰业这样保持原始堆放状态，无相应环保设施的尾矿还有 10 处左右，有些尾矿藏在距离河岸稍远的峡谷中，比如天吉锰业有限公司、海北锰业有限公司。

酉阳县的尾矿大都是 2000 年以后开始兴建的，特别是 2002年至 2004 年期间，酉阳县作为西部地区有名的贫困县，开始将电解锰企业作为县里重点招商引资的对象引入。酉阳县安监局安监一科科长冉胜告诉笔者，这些电解锰企业在设计尾矿库的时候，大多没有按照标准的要求设计，有些企业甚至没有邀请有资质的尾矿设计机构，就简单地把尾矿库设计、建设起来，渣场的底部连最基本的防渗措施都没有做，渗漏液不断排入河流。

"更糟糕的是，这些企业在选址的过程中，完全没有考虑到下游居民的情况，而是看哪里建设成本低，或者直接堆放在河边，或者找个山沟沟就当成尾矿库，更不用谈什么环保设施。一旦发生问题，根本无法应急。"冉胜指出。

天雄锰业作为酉阳县境内环保设施最全的一家尾矿库，算是实力雄厚，在冉胜看来，出现塌陷问题，还是源于尾矿库最初的设计不够专业。"主要是跟选址有关，选址时勘测没有到位。当地属于喀斯特地貌，流水多、溶洞多，垮塌的涵洞连着一个天然的溶洞，当时没有考虑溶洞的承受力，本身就不适合建设尾矿的涵洞。"

在酉阳当地人看来，尾矿库盲目而无序的建设是一个历史遗留问题。按照目前的要求，尾矿库在设计、施工的过程中本应严格地遵守"三同时"（"三同时"是我国最早出台的环境管理制度，大体指"建设项目中防治污染的设施，应当与主体工程同时设计、同时施工、同时投产使用"）的规定，要有安全预评价的备案和安全设施竣工验收的程序等。然而，酉阳县尾矿兴建的这段时间，"三同时"的要求基本上没起过作用。直到2005年，酉阳县安监局第一次做了关于尾矿库安全现状的评价报告，用来弥补没做"三同时"的缺憾，即使如此，这次报告做得也很不专业。

无序兴建的背后是政府松散的监管。在尾矿库集中兴建时期，酉阳县对于尾矿库的监管责任主体并没有明确，酉阳县经贸委和安监局同时分担了这一责任。结果，酉阳县安监局对于尾矿库一直处于临时监管状态，因人手不足且根本不具备监管的专业技术能力，只是时不时做些检测。直到2009年，酉阳县才开始重视尾矿库的安全问题，明确安监局作为主要监管单位，酉阳县

6 家锰矿企业的安全生产许可证这一年才陆续办下来，而这些企业多数是 2004 年之前建设的尾矿。

重新选址还是等效益好转

溶溪河沿岸的老百姓虽然对尾矿的存在充满各种担忧，但更多时间还是保持了沉默，他们中有许多少年或中年人都在尾矿所属的电解锰企业上班，单是天雄锰业就在当地雇用了 300 多名员工。

他们也怀抱着某种希望。"现在溶溪河里的水，看上去比前几年清亮多了。现在每隔几天环保局的人就会开车过来，抽水取样。"吕女士说。

天雄锰业生产总监吴子龙向笔者证实，最近一段时间，重庆市环保局每个星期都会到该公司的尾矿库进行环保监测。"现在特别严格。"吴子龙感叹，刚开始建设尾矿的时候，没有渗漏液和废水的处理设施，确实会排出黑水。但那时的标准很低，也算是按当时的规范设计的。

2003 年以后，随着政府对尾矿库管理的变化，天雄锰业开始逐步改造。"2005 年开始要求对废水进行处理，总之对环保的要求越来越严格。现在最狠的就是河流断面监测，而且必须进行标准堆放。"吴子龙说。2008 年在政府的要求下，天雄锰业增加了废水、废气处理系统，投入了 600 多万元，这也是天雄锰业第一次对环保设施做大的投入。

对于酉阳县整体尾矿治理而言，现有尾矿库增加环保设施已不是最迫切的事情。"选址不合理是最大的问题。老的尾矿设计，没有考虑环境因素和风险，而且渣场的底部连最基本的防渗措施都没有做，渗漏液不断排入河流。"冉胜指出，按照最新尾矿库管理规范，西阳老的尾矿库都不能再继续生产，必须闭库，重新选址。

眼下，天雄锰业正按照政府的要求，在距离现有尾矿库3500米左右的山上重新选址，建设一座新的尾矿库。新库从选址到施工各个环节都进行了包括环评在内的完整程序，渣场底部甚至做了7层的防渗层。

为达到规范化的要求，天雄锰业在新尾矿库的建设上投入2600多万元；2011年安装在线监控系统、渗漏水的收集处理系统等，又追加了300多万元。除了近4000万元的新库建设成本外，天雄锰业还要完成旧库的闭库，这项投入按照标准至少要花费2000万元。"这是天雄锰业建厂以来最大规模的投入。"吴子龙感叹。

对于西阳其他的矿产企业而言，像天雄锰业这样重新选址，意味着不可承受的高昂代价。"除了天雄锰业，其他企业都没有这样的实力。"冉胜指出，其他的电解锰企业均为私营，规模较小，资金有限。

最近两三年电解锰行情不好，效益大幅缩水，天雄锰业总的税收在2005年曾达到1800万元，但2010年上缴西阳县的只有600多万元。天雄锰业因集团化运作，资金雄厚，可勉强支撑，而其他企业运营都很困难，更拿不出钱做环保投入。

尾矿的监管终是陷入了两难境地。按照规范，应该把现有的旧尾矿库关闭，这也就意味着电解锰企业要停产。但是，西阳县经济结构单一，电解锰是该县为数不多的工矿企业。"如果这么大的企业关停了，对县里的财政收入冲击很大。现在，西阳县县委对关停电解锰企业的态度不是太明确。"冉胜坦言。

监管主体责任逐渐明确的西阳县安监局陷入焦虑，旧库隐患重重，一旦出问题，都是追究安监系统的责任。于是，2011年西阳县安监局向政府提出了一项规划，几家尾矿所属的企业同时出资，按照国家尾矿库规范的要求，重选新址，建一处新的尾矿库共同使用。

"我们觉得，既然单独的企业没有实力重新选址，就分担资金，共建一个尾矿库。"冉胜说，西阳县安监局提出建议时觉得此规划十分可行，每家电解锰企业只用负担400万元。结果，企业连这么些钱也拿不出来，理想中的规划从2011年年底被推迟到2012年5月。"到那时候，还未必能完成。"冉胜担忧地说，共同的尾矿库要想建成，恐怕要等到电解锰企业的效益好转起来，才有机会。

西阳县一位电解锰企业的总经理助理白世金表示，当地企业自筹资金，重新选址建库既然如此困难，政府为何不能给予一定资金补助，哪怕是少量的。对此，冉胜表示，指望县里捉襟见肘的财政拿出钱来治理尾矿，几乎是不可能的。

作为西部地区有名的国家级贫困县，西阳县2000年一年的财政收入不过1亿元，2011年截至12月15日地方财政收入为113850万元。冉胜透露，在2009年西阳县安监局听说国家有针对尾矿库隐患治理的资金，曾向重庆市打过一次报告，想要争取国家补助，但未有结果。"现在只能靠企业自己掏钱。"

关停能持续多久

西阳县在尾矿隐患的治理上踯躅不前时，紧邻的秀山县却从 2011 年 5 月底开始，一口气关停了境内全部 18 家电解锰企业，进行尾矿环境隐患整治。在停产的 7 个多月里，秀山县的财政收入每一个月减少近 8000 万元。

这在当地被称作"壮士断腕"般的措施。作为"锰三角"的核心地区，秀山县有近 20 处锰矿渣场，主要分布在梅江河沿岸。21 世纪初，秀山县尾矿的管理经历混乱时期，不少企业将矿渣直接排入河道，水质的污染引起了重视，2005 年胡锦涛总书记两次就"锰三角"污染问题做出重要批示。

2011 年 4 月 15 日，环保部召开"锰三角"地区污染整治座谈会，明确要求"锰三角"地区采取有效措施改善水质。在高层的强烈关注下，秀山县不得不拿出前所未有的力度。

2011 年 12 月 17 日笔者进入秀山县，发现除了武陵锰业有限公司（以下简称"武陵锰业"）、天雄锰业两家企业刚刚恢复生产不久，其余 16 家电解锰企业均处于停产状态。沿着梅江河行走，河水已经比较清澈，只是河岸、河底的石头仍难以消除黑色的痕迹。2008 年以前，这里则几乎成了黑水河。

岸边难以找见堆积如山的黑色尾矿，管庄镇的居民白峰说，尾矿的渣场现在都变成了长满绿草的山坡。在益力锰业的厂区附近，笔者看到尾矿渣场的顶部已经铲平，铺上黄土，黄土上种植草皮，被冲刷的黄土下露出一层防渗膜。一位负责人告诉笔者，从 2011 年 7 月份开始，秀山县 16 家企业的尾矿渣场全部做了封场处理，这意味着企业将不能再使用渣场。

"虽然有些渣场没有超出设计容量，但是考虑到整个环境影响，还是直接封闭了。"秀山县环保局局长倪启才告诉笔者，按照本次整治计划，不仅要企业对简陋的尾矿渣场做封闭处理，还要把 16 家关停的电解锰企业整合成 5 至 7 家企业，企业有了规模，将按照规范化的要求，重建新的尾矿库。

整合的进度相当缓慢，甚至拿不出明确的时间表。作为被关停的企业之一，鑫翔达锰业有限公司的张总经理表示，大家都在拭目以待，整合没有政府想得那么简单。对于被关停的企业来说，最急切的是恢复生产。

"现在企业非常恼火，已经被停了半年多，整个企业没有生产，资金也不能流通，企业的生存很困难。"倪启才承认，企业近来常常抱怨政府。

张总经理不解的是，"锰三角"地区的其他两个县——湖南花垣、贵州松桃地区同样有很多规模小而分散的电解锰企业，但是都没有采取大规模关停的动作。

虽下了决心整治，秀山县政府还是感受到不小的压力。2011 年 12 月 18 日，倪启才准备去重庆市汇报：财政上的压力，政府艰难度日一段时间还可以，但是如果企业再不恢复生产，稳定的压力比较大。秀山县的关停措施除了电解锰企业，还涉及整个锰行业，包括 37 家矿山企业全部停产，83 家锰粉厂全部关掉，关停后当地 3 万多人没法就业。如果一个工作人员牵扯到三口人的话，这就涉及 10 万人口的吃饭问题。

"整治了 7 个月后，我们也感到困惑，重庆市环保局认定秀山县的企业没有条件恢复生产，但不知道怎么认定。什么时候、什么条件能恢复也不清楚。"倪启才的语气中透露出焦虑。在支柱产业电解锰停产后，秀山县政府只能向重庆市财政调节一些资金，借钱过日子。

或许已恢复生产的武陵锰业可以作为依据。在高山上，武陵锰业类似水库大坝一般明显的尾矿坝，赫然映入眼帘。为恢复生产，武陵锰业投资了 5100 余万元对渣坝进行加固，完成渣场截洪沟等，在渣坝外开建深度达 15 米的渗漏液收集沟，并采用了废水处理新技术。

"5000 多万元的投入，对于武陵锰业这样的国企，只是减损了一些收入，对于其他年产量在万吨以下的私营电解锰企业来说，就很难投入了。"张总经理表示。

秀山县环保局办公室主任胡奎表示，原本指望政府能给企业一些补助资金。因为以前环保部每年会给"锰三角"地区的花垣、秀山、松桃，每县拨款 9000 多万元用以环境整治，并表态要支持 5 年，结果 2011 年这笔资金没了消息。

"以前 7 月份左右钱款就直接补助给企业做环境整治，但如今都到年底了，资金也没有安排。"倪启才说。在没有国家补助资金的情形下，地方政府还在借钱度日，企业也只能自己掏钱整治。

在对关停企业调查中，笔者发现一些电解锰企业在停产后已被迅速转手，新接手的企业负责人对于前任留下的尾矿旧渣场，没有什么整治的动力。对此，倪启才表示，渣场封闭要做好，要花不少钱，企业如果不做，就甩给政府了。但企业至少应该保持一些希望，在整合的过渡期还是可以争取继续生产。

离开"锰三角"最后一天，笔者来到沈从文笔下的边城，在洪安镇的渡口，原本透亮的清水江，徒然流动起一股浑浊的黑水。在江中心以拉渡为生的一位 60 岁老人平静地告诉笔者，这是清水江上游的贵州松桃又开始向下游排放锰渣废水了。（重庆绿色志愿者联合会会长吴登明对本文也有贡献）

（原载于《瞭望东方周刊》2012 年第 8 期，有改动）

尾矿治理变迁记

在多数公众的印象中，尾矿每一次加大治理力度，总是在发生严重的尾矿溃坝事故之后。然而，突击式的尾矿治理方式并不能持久地奏效。

数量巨大的尾矿伴随着矿山的开采不断增加，随着矿山的枯竭，经年累月贮存起来的尾矿被堆放于江岸的山坡上，因在技术层面缺乏有效的处理方法，只能以非安全的暴露方式，继续留存在自然界中。

可以说，尾矿如不能得到有效的解决，不仅对山区造成严重的环境隐患，还将对附近居民的生命财产甚至整个水系构成严重威胁。意识到这一点，"十二五"期间尾矿治理算是有了明确的规划。

2011年11月底，国家安监总局提出：到2015年尾矿库病库数量比2010年均下降10%以上，基本消除危、险尾矿库，对废弃尾矿库依法实施闭库或有效治理；到2015年三等及以上尾矿库和部分位于敏感区的尾矿库安装在线监测系统。

目标虽明确，但遗留的历史包袱以及面临的新隐患，令尾矿治理的压力不减反增。国家安监总局提供给笔者的资料显示，截至2011年6月底，尽管全国危、险、病库数量比2008年年底下降了76.6%，但目前仍有1151座危、险、病库有待治理，其中大部分是无主的尾矿库，且全国尚有 674 座尾矿库未确定安全度。

中国的尾矿治理究竟将以何种模式继续向前推进？笔者通过与各级尾矿监管部门负责人的对话，回顾并探讨了中国尾矿治理的曲折历程以及挑战。

"6 号令" 终结混乱前史

笔者在调研期间发现，在相当长的一段时间内，尾矿治理处于较为混乱的状态，政府监管部门在企业兴建尾矿库的过程中，既没有提出要求，也缺乏相应的标准。

秀山县环保局局长倪启才告诉笔者，进入 21 世纪后，正赶上尾矿库集中兴建的时期，2003 年该县已有 17 家尾矿库。当时的发展并不规范，有的企业把未经处理的尾矿矿渣直接排入河道。企业建设尾矿库，甚至都不通知环保局一声，均按照"先上车，后买票"的方式建设。"尾矿库建设时，我们通常不知道。建起来之后，偶尔下去检查时才发现，环评就更谈不上了。"

酉阳县安监局安监一科科长冉胜说，21 世纪初企业在选址建库的过程中完全没有考虑到下游居民的情况，而是看哪里建设成本低。或者直接堆放在河边，或者找个山沟沟就当成尾矿库使用，更不用谈什么环保设施。一旦发生问题，根本无法应急。

"可以说，当时尾矿库如何建设、按什么标准建设，全国都不知道。因为建设的时候，没有明确的标准。国家也很少关注这方面。"倪启才指出。

根据资料查阅，其实在全国尾矿库开始大规模兴建的 2000 年，国家经济贸易委员会就曾出台了专门的《尾矿库安全管理规定》。这一规定涉及尾矿库筑坝、防汛、排渗等多方面的管理内容。

然而，这一管理办法在实际运用中，似乎并没为尾矿库的治理提供充分的依据。在多位地方尾矿库监管部门负责人看来，这一规定原则性强，但缺乏实际的内容。而且，该规定对于尾矿的监管责任，并没有做出全面的规范。

直到国家安全生产监督管理总局于 2006 年 6 月颁布新的《尾矿库安全监督管理规定》（以下简称"6 号令"），尾矿治理才算是获得了有效的依据。四川省安监局副局长苏国超告诉笔者，6 号令对于尾矿库的管理，较于之前内容更加全面，操作程度更强。

值得关注的是，从 6 号令开始，尾矿治理的责任终于明晰。此前，在国家经济贸易委员会的规定中，将尾矿库的设计审查交予经贸委，而将尾矿库的日常监管交予安监部门。这样的规定造成了地方在实际的尾矿库监管中权责不清晰，进而导致混乱和松散。

6 号令则规定安监部门全权负责尾矿库从设计、施工到日常监管的全部过程，伴随责任主体的明晰，尾矿的治理真正实现了规范化。四川省安监局一处处长黄志文说，6 号令颁布不久，四川的安监部门就正式摸底了尾矿库的安全情况，会同专家提出整改意见，加固了尾矿库的基础坝、完善了安全设施，并对尾矿库的操作人员进行了历史上第一次正式培训。

全国各地开始尝试规范化治理时，最有效的招数被认为是对"许可证制度"的强调。苏国超表示，此前许多运行中的尾矿库一直没有安全生产许可证，在 6 号令的强调下，经过重新申请、严格审查，尾矿库的安全许可证开始大规模地发放。安全许可证的审查和发放，让监管部门试着从尾矿库最初的设计环节，把控尾矿的安全性。

襄汾事故的后效应

尾矿治理规范化的速度陡然加快是在 2008 年。这一年的 9 月 8 日，山西省临汾市襄汾县新塔矿业有限公司尾矿库发生特别重大溃坝事故，截至 9 月 14 日，确认 254 人死亡，34 人受伤。

经调查，事故发生的主要原因是企业违法违规生产和建库，隐患排查治理走过场，安全整改指令不落实，当地政府及有关部门监督管理不得力。

襄汾事故的发生，引发了国内外的震惊。舆论重压之下，中央当即下达很多通报，全国各地安监部门纷纷赶赴事故现场进行考察，各地的尾矿库业主也被组织起来学习，吸取教训。"从国家层面来讲，过去尾矿库从没有发生过襄汾这么大的事故。从没想过尾矿库会造成这么多人死亡。"苏国超感叹。

襄汾事故如同一个导火索，将尾矿治理的重要性提至国家层面。2009 年 6 月 5 日，国家安监总局、国家发改委、工业和信息化部、环境保护部共同建立了专门的协调联动机制，明确了尾矿隐患治理的原则和目标。

伴随目标的实现，中央财政对尾矿隐患治理的投入力度日益增大。根据国家安监总局提供的数据显示，2009 年以来中央财政共计投入了 19.93 亿元资金支持尾矿库隐患综合治理。其中，国家发改委已下达中央预算内投资 3.64 亿元，治理 53 个尾矿库隐患综合治理项目；财政部已下达中央财政资金计划 15.79 亿元，治理 86 个政策性关闭破产有色金属矿山企业尾矿库闭库项目。

中央对尾矿库的大力整治，自然带动了地方各级政府和尾矿库企业的积极性。据统计，2009 年和 2010 年，地方各级政府和尾矿库企业共计投入 81.2 亿元资金治理尾矿库隐患，其中企业投入资金 60.1 亿元。

尾矿的治理有了质的变化，而这种变化不仅仅体现在投入上。苏国超指出，襄汾事故后，国家对尾矿库安全管理的规范越来越严格，其中一个关键的变化是制定"尾矿库下游多远可以有人居住"的标准。

襄汾溃坝对下游居民造成的严重危害，令政府监管部门开始意识到，尾矿库下游有人居住的一定要搬迁。但是"搬迁到多远才算是安全距离"，此前在尾矿库设计指导标准里从未有过明确的规定。四川省为了制定相应的规范，和山西、湖南等地的尾矿设计单位进行了多番辩论战。

争论背后是尾矿治理理念的艰难转变。"四川的设计单位认为尾矿库下游有人的一定要搬迁。但是到底要保持 500 米还是1 千米内没人，没有标准。在组织讨论的时候，长沙的设计单位认为 500 米甚至 300 米内都可以有人，尾矿库不会轻易垮塌。太原的设计单位认为不需要标准，设计的尾矿库只要不向下游排放矿渣就可以。"黄志文说。

直到 2009 年，对于尾矿库下游的安全影响问题，四川省先于国家正式规范公布前有了结论：针对四川地形狭长的特殊情况，提出尾矿库下游深沟河谷地带，3 千米以内居住的居民要搬迁；空旷平缓地带 500 米以内的居民，要求搬迁。

地方规定甫一出台，就体现出整治尾矿隐患的决心，要求安全系数差的尾矿库，务必要按规定完成下游居民的搬迁任务。

然而，在实际操作中，决心很快遇阻。四川尾矿库多为历史较长的老库，而且下游多有居民区，短时间内要求尾矿库企业将下游居民全部搬迁完，企业虽没有直接抵制搬迁，但行动缓慢。

攀枝花米易县有一座金矿尾矿库，库容量为 100 多万方，尾矿库下游有四五十户居民，这家尾矿库的业主表示，自己的这座五等库一年的金矿产量也就 3 万吨，挣不了多少钱，企业完全按规范搬迁，确实很难。

"问题主要发生在私营的尾矿库企业，而四川境内多数尾矿库目前基本属于私企性质。"苏国超对笔者说，这些尾矿库规模相当有限，多为四等库、五等库的小库容，盈利也相对较少。提出按照标准要求搬迁后，下游居民的搬迁费用常常出现水涨船高的情况，一些企业直言负担不起。

考虑到企业的承受力，"全部搬迁"的方式只能有所转换，只有对安全系数极差、对下游居民可能造成较大影响的尾矿库坚决执行搬迁，其他的尾矿库则采取"逐步搬迁"的方式。

虽然在策略上做出了暂时的妥协，但是在逐步搬迁的过程中，为了防止事故发生，四川省对采取"逐步搬迁"的企业提出了一些特殊的要求，包括安装在线监控系统、汛期停产、完善排洪系统以及出现隐患时用高音喇叭对周边居民发出通知。"希望这些补救措施能在全部搬迁之前发挥作用。"黄志文说。

新隐患能否归结为天灾

眼下，全国危、险、病库数量由 2008 年年底的 4910 座减少到 2011 年 6 月底的 1151 座，减少了 76.6%。规范化的成效已然凸显。

尽管如此，一股新的压力正在形成。这就是近几年来频繁威胁尾矿库安全的极端气候和自然灾害。

国家安监总局披露，受地震、暴雨、泥石流等影响，一些地区尾矿库尤其是四等、五等尾矿库，发生决口、漫坝等事故或遇险的现象时有发生。譬如，2010 年 8 月 7 日和 8 月 12 日，甘肃省甘南、陇南等市州发生特大强降雨，结果造成了 9 座尾矿库决口、10 座尾矿库漫坝、112 座尾矿库遇险。

自然灾害对尾矿库大规模的威胁，造成了新的隐患。5·12 汶川大地震期间，这种威胁得到了最初的关注。5·12 地震后第二天，国家安监总局调查组空降四川，紧急排查尾矿库隐患，5 月 14 日调查发现核心地震带上的 4 个尾矿库，只江油雁门硫铁矿损失惨重，尾矿库完全垮塌，所幸尾矿库下游没有多少人居住。

国家对四川灾后尾矿库隐患排查之所以重视，是因为四川尾矿都集中在山区，而地震带恰恰又分布在这些山区。四川全省境内有 165 座尾矿库，60% 以上都在攀西地区，这些地区本身就是地震带。可以说，四川尾矿库 96% 都分布在 6 度以上地震带。

地震虽然没有对四川尾矿库直接造成大的影响，但是地质的改变、山体的松动，还是造成了潜在的威胁。

2011 年 7 月 20 日，松潘县岷江电解锰厂尾矿溃坝，3 万方带有金属锰的尾矿被卷走近 1 万方，冲入岷江，下游支流涪江被污染。几天之内，地方政府部门、专家、领导和有关建设方聚集事故现场，得出的结论是：百年一遇的特大泥石流造成了溃坝事故。

天灾之外似乎还有着更深层的缘由。当笔者就此事故缘由询问四川省安监局时，黄志文指出，岷江电解锰厂的尾矿严格来说是渣场，虽有坝但并不符合标准，而且没有调洪池等安全设施。更重要的是该尾矿地处阿坝州高山、峡谷的交接地带，地质本身就不适合建尾矿库，一旦泥石流发生，排洪系统很容易堵塞或废掉。

事故过后，四川省安监局发文要求，对尾矿库选址方面要更加重视。尾矿库设计时，若上游存在泥石流崩塌可能性、下游有重要基础设施的，原则上不再允许建设尾矿库。

松潘事故可以说再次敲响了一记警钟。四川省境内 165 座尾矿库中，绝大多数是像松潘这样规模小的尾矿库，四等、五等库占到 75% 左右。"岷江电解锰厂尾矿整个库容量也就几十万方，下泄量最多 10 多万方，但就是这种规模小的尾矿库容易出事。"

黄志文说。

从全国范围来看，小型尾矿库的安全基础仍然十分脆弱。国家安监总局监管一司表示，截至 2011 年 6 月底，四等、五等库尾矿库约占全国总数的 93.8%，这些小型库普遍存在安全管理水平不高、隐患排查不彻底的问题。

"近两年经常把尾矿事故归结为'几百年不遇'等极端恶劣天气，但主要还是在于人的管理。有些泥石流高发地区，尾矿库如果做好安全防范，也不会造成很大损失。"苏国超指出，治理这些小型的尾矿库安全隐患，企业管理是第一位的，政府监督、引导也须同步。

只是，眼下一些地方及有关部门的监管力度远远不够。国家安监总局监管一司指出，目前个别市（地）、县尾矿库安全监管责任并没落实，一些废弃、停用的尾矿库没有落实闭库措施，甚至安全许可证还没有颁发完。

薄弱的尾矿监管力量背后其实是一些软肋：专业人才缺乏、装备水平较差。黄志文说，对尾矿监管的传统做法就是用肉眼看，凭经验和感觉，但尾矿库监管是很有技术含量的工作，原有的做法很局限。此外，受到编制限制，一个县通常只有两三个人员，要深入几十、上百千米的山区里检查，难以时时到位。

监管软肋并非难以改变，从 2009 年开始，一些地方开始借助科技手段，探索最新的尾矿监管模式。"比如在线监测，四川省境内已有 13 个尾矿库安装了在线监测平台，四川还将于 2013 年完成县级监控平台的建立，'十二五'期间，逐步实现和省级监控平台联网。"苏国超满怀信心地描述尾矿监管新蓝图。

蓝图的背后是中央的持续投入，在国家安监总局的支持下，2011 年包括四川在内的多个省份，在尾矿的四周全部配备了摄像录像、GPS 定位等工具系统。县一级有尾矿的地区基本完全覆盖。以往缺乏技术手段的政府监控，正在得到新一轮的增强。

无主尾矿库治理，谁来买单

正在生产运行的尾矿库受制于越发严格的政策管理，而那些早已废弃的尾矿库（渣场），却成为治理中遗留的包袱。

一些矿产资源较丰富的省份，曾经依靠矿山企业推动了当地的经济发展。如今，许多企业留下的矿山尾矿堆积如山。四川省固体废物管理中心总工程师毕朝文告诉笔者，诸多堆存在江河边的废弃尾矿山随时都有垮塌的危险。

四川省石棉矿开采历史悠久，目前基本停止生产。这些企业留下的数千万吨石棉尾矿却没有得到安全处理。这些数量巨大的尾矿大多沿着原来的矿山斜坡自然堆放，没有任何安全防护措施，在暴雨、洪水冲刷下，极容易发生山体滑坡和泥石流等重大次生地质灾害。

特别严重的是，部分尾矿就堆积在大渡河附近，如果尾矿发生滑坡冲入大渡河内，极可能造成河道堵塞，污染水体，甚至可能造成长江水质受到污染。

国家安监总局监管一司指出，由于企业破产解散、改制或企业经济效益不佳等原因，全国现已形成了 752 座废弃的尾矿库。这些废弃库，目前正以闭库的治理方式，防止对环境造成污染。

国家安监总局监管一司还特别强调废弃库也应落实监管责任，2011 年 7 月实施的《尾矿库安全监督管理规定》中明确了"尾矿库的闭库及闭库后的管理由原生产经营单位负责"。

尽管如此，对于地方而言，废弃库的治理似乎正成为一个难言的困局。很多尾矿的业主都是私营企业，安全投入通常受到市场盈利的影响，不景气的情形下，很难对闭库投入相应的经费。更糟糕的是，很多业主通常做几年就转手，矿山开采结束后，一些尾矿很容易陷入无主经营的状况。

"从发展的眼光来看，可能再过一段时间后，随着一些地区的矿山枯竭，采完了很可能会出现废弃尾矿无主经营的高潮，结果就变成政府大量买单。"苏国超指出。

事实上，地方政府已经开始承担起废弃库的治理成本。苏国超对此深有体会。2006 年，他介入了大洪沟尾矿库的闭库工作，这原本是属于监狱系统的国营尾矿库，监狱搬到绵阳后，这家遗留下来的石棉尾矿库成了重大隐患。在一次溃坝后投入了 800 万元实施闭库，但是闭库不是一次性能完成的，第二次闭库又投入1000 多万元。闭库资金最终全部由政府买单，出大头的是省政府，所在市县也出了少部分资金。

眼下，四川的无主尾矿库只有两三家，政府对于这种投入尚未感到不可承受的压力，但是苏国超坦言，废弃库的治理资金投入在不久的未来必然形成制约。

废弃库治理的巨额投入仿佛一个无底洞。该尾矿库尽管前后共投入近 2000 万元闭库，但还是不能彻底治理完毕。现在，每年仍需要花费 30 万元左右做管理维护，一旦遇到特殊情况比如地震，则要增加几百万元的治理费用。

地方政府在尾矿治理上可能面临的负担已引起重视，这也牵扯到废弃库治理成本究竟由谁来承担的问题。为此，四川省做了一些尝试，如向尾矿库企业事先征收一些费用，用于未来尾矿闭库的资金投入。但由于这种收费无法可依，现实层面很难持续执行。

对于尾矿库数量巨大的河北、山西、辽宁等省份，无主尾矿库的治理负担更加沉重。目前，河北省有 2702 座尾矿库，山西省有 1745 座尾矿库，辽宁省有 1203 座尾矿库。虽然短时间内，尾矿库的闭库还是少数，但在几十年内随着矿山开采的结束，无主尾矿库将为政府在尾矿治理上带来不可小觑的压力。

（原载于《瞭望东方周刊》2012 年第 8 期，有改动）

【手记】

2010 年 7 月笔者在撰写《环境事件频发背后的玄机》报道中，追踪了当年夏天发生的多起化学品泄漏污染事件，其中紫金矿业因尾矿溃坝造成的危害，令笔者对于中国尾矿库存在的环境隐患有了初步的了解，通过和环保部的多方沟通，得知中国尾矿库通常布局在大山深处等缺乏监管的地区，整体建设存在诸多环境隐患。

2011 年 7 月，四川绵阳饮用水水污染事件再次引起笔者对尾矿库危害的关注，虽然官方最终的解释为：该污染事件是天灾造成的，即泥石流造成涪江上游电解锰尾矿库溃坝从而导致污染，但是真正的事故源头——电解锰尾矿库本身的建设是否合理，却无人追问。笔者从相关专家和当地环保部门了解到，尾矿库本身存在违规建设。

随着矿业遍地开花，日积月累形成的尾矿库潜伏着难以想象的安全隐患。这些尾矿库往往地处偏僻的深山沟壑，缺乏完善的监管系统，即使建设环节存在诸多隐患，也并不能引发相应的重视。直到尾矿库环境风险积累到相当大的程度，发生类似于松潘尾矿溃坝导致绵阳饮用水污染的严重事故，舆论和政府层面才给予关注。

尾矿库究竟在多大程度上对环境形成潜在威胁？隐患又是如何形成的？为了深入调查尾矿事故的发生，笔者进入重庆、贵州和四川交界的尾矿聚集地"锰三角"，在酉阳、秀山、松桃等地，做了历时半个月的调研，由已经发生的事故本身入手，追踪并详细还原溃坝尾矿当年具体建设过程中出现的违规行为，从而追问地方政府的监管责任。

本组报道由表及里，《"锰三角"尾矿隐患调查》抛开对事故表象的描述，深入事故背后，通过寻访当地村民、县政府以及尾矿库负责人等各尾矿库利益相关者，客观地揭示了尾矿库隐患悬而未决的社会背景和经济因素。报道并没有停留在简单的问责事故层面，《尾矿治理变迁记》进一步追问政府解决尾矿库隐患的态度和方式，具体而清晰地反映出尾矿治理过程中正在面临的关键难题：技术成本过高、政策疏漏等。采访对象则从县一级、省一级直至中央，特别是从国家安监总局独家获得全国整体尾矿治理的最新资料，首次以翔实的数据揭示了中国尾矿存在的安全隐患。

在"锰三角"地区近半个月的调查，笔者深刻体会到：尾矿库的安全事故频发，绝不是仅用天灾所能解释的，时至今日，中国尾矿库的安全事故真正起决定作用的是我国的环境风险在增加。中国的环境风险已积累到相当大的程度，一遇到不利的自然条件就会引发事故。这种事故的隐患暗示着规划层面的问题，一些敏感地区聚集过多的化工石化产业。所谓敏感地区，包括重要的水源地，人口密度比较大、生态环境敏感程度比较大的地区。此外，监管层面包括安全处理技术层面的缺失，令尾矿隐患长期存在于我们的身边而难以被觉察。

新疆资源税：谁与谁角力

塔克拉玛干沙漠北缘的塔里木油田轮南站，作为"西气东输"的首站，这里以日均 5000 万立方米的流量，通过全长约 4000 千米的管道，将天然气输往上海、北京等东部城市。

据最新一轮资源评价，面积 56 万多平方千米的塔里木盆地油气资源总量达到 160 亿吨，其中石油 80 亿吨、天然气 10 万亿立方米，被誉为中国油气工业的"希望之海"。除了塔里木盆地，新疆油气资源的战略地位得到了特别的重视。

作为中国油气资源最为丰富的省份，新疆在输出资源的同时，呼吁资源税改革近 20 年。2010 年中央召开新疆工作座谈会后，这里终于拉开资源税改革的序幕。一时间，舆论纷纷关注，有专家甚至预测新疆的地方财政将因此增长亿元。

然而，新疆究竟因资源税改革受益几何？在资源税的调节下，涉及的相关利益方在改革中达成了何种程度的默契？笔者走访了新疆多地，试图还原新疆资源税改革的原貌。

县里的大手笔

初夏时节，通往拜城县赛里木镇的乡间柏油路上，随处可见维吾尔族老人赶着毛驴车，穿梭在蜜蜂环绕的沙枣树下，路两旁是葡萄藤掩映下的土块房。

如今，这些分散的传统土块房，不再是唯一的居住方式。在赛里木镇夏合买里村，一排排框架结构的房屋，正以集中居住的形式，给当地农民带来新体验。

从 2010 年 6 月开始，村里开始兴建这种"富民安居房"，一户至少有 80 平方米，屋前有宽阔的庭院。"这房子有 16 根抗震柱，说是可以抗 8 到 9 级的地震。"夏合买里村的库尔班江告诉笔者。

其实早在 2001 年，这里也曾以集中居中的形式，兴建过类似的"抗震安居房"，但是很多农民不愿意住进来，或是住进来后又搬走了。"当时只是简单地盖了一间房子，周围啥都没有，而这里的村落全部由维吾尔族构成，依靠的是庭院经济，牲畜圈等不能离得太远。"赛里木镇副镇长米吉堤·亚库甫告诉笔者。

这次的"富民安居房"，在房屋不远处盖起了牲畜圈，镇政府为农民垫钱买来小鸡仔和饲料，由政府统一养到一定时间后再交给农民。有了后续产业支持，人们这才放心地住进来。包含了居住区、养殖区、种植区的"富民安居房"，每平方米的造价成本由抗震安居房的 500 元上升到了 1500 元。在赛里木镇夏合买里村 5 组的规划列表上，建设 100 户的"富民安居房"，前期预算达到 1384.4 万元。其中，尽管有中央财政补助的 100 万元和浙江对口支援的 460 万元，还是要有县级财政来配套。

"农民也自筹了 364.4 万元，但这里一年的人均纯收入只有5000 元左右，大头还是要地方政府出。2010 年县里一下拿出460 万元，投入这 100 户安居房，搁以前根本拿不出。"赛里木镇镇党委书记董磊当时觉得这是一个大手笔。令董磊意外的是，2011 年 5 月，拜城县委决定对"富民安居房"的户型进一步提升，改建成"20 年不落后"的户型：每一户都建得如同小别墅，房顶是斜的，像内地一样。要求也更高了，包括集中排水、集中供热。水、暖、电、厨、卫、浴一应俱全。

为此，建设成本又追加了 500 万元，并且全部由县财政承担。如此，100 户安居房的县级财政投入接近 1000 万元，而 2011 年拜城县共启动了 1297 户的"富民安居工程"。

"要是县上没有增加收入，绝对干不成。"董磊说，相比以前来说，现在的县财政比较充裕。2010 年 6 月开始启动建设安居房，正好赶上资源税改革的时机。

拜城县原本是农业大县，2004 年以来，随着中国最大的陆地整装气田"克拉 2"在其境内投产，还有相继探明的新气田、油田，县里 60% 左右的财政收入都来源于油气税收。2010 年，因为资源税改为从价计征，拜城县天然气产量虽然比 2009 年减少了 15.62 亿立方米，但是资源税的收入却比 2009 年增加了 2 倍多，为 6357 万元。

资源税改革带动的财政收入效应，似乎让拜城县的底气足了起来。2011 年，包括"富民安居工程"在内，拜城县计划实施 150 个民生工程，计划投资总额在 13.4 亿元，截至 4 月份已累计投资 2.54 亿元。当地人把 2011 年称为拜城县的"民生建设提升年"。如同拜城县一样，油气资源辐射到的自治区 11 个地市州、33 个县市，正在轮番掀起民生建设高潮。这些地区在资源税改革后，均获得了有力的财政保障。

在整个自治区层面，增收效应更为明显。根据新疆地税局提供的资料，未进行改革的 2010 年 1 月至 6 月，全区油气资源税收入为 3.71 亿元；资源税改为从价计征后的 2010 年 7 月至 12 月，油气资源税收入为 21.64 亿元，2010 年全年自治区油气资源税同比增长 231.2%。2011 年仅仅 1 月到 4 月，自治区油气资源税累计收入已达到 16.6 亿元，同比增长 575.52%。

尴尬的预期：资源税不增反降

资源税为拜城县这样的油气产地，带来了一定的财政增收效应，但是这样的效应与预想中的相比，似乎还有一定的差距。

拜城县政协副主席、值油班主任蒋加强表示，2011 年 13.4 亿元的民生工程投资，远远超出了拜城县的地方财政收入。这么大的投资，跟资源税有点关系，但是目前主要还是依靠政府向银行贷款，仅靠资源税的增加是不够的。

2010 年，资源税改革了半年时间，拜城县油气资源税的收入就增长了 2 倍，县里预测 2011 年这一年改革实施下来，油气资源税收入至少增加 3 至 4 倍。但是县里很快意识到，想依靠资源税增加过多收入并不现实。毕竟每年的油气产量就摆在那里，改为从价以后，收入增长幅度有限。而且资源税在整个油气总税收的结构中占的比例小，大部分是增值税。2006 年，拜城县油气增值税 8463 万元，资源税只有 1402 万元；2010 年资源税改后油气增值税 1.759 亿元，资源税为 6357 万元。

要想通过资源税这一项改革带动地方财政收入，只能是产量有所增长。近日，一则消息令拜城县很是郁闷，拜城县境内最大的天然气气田"克拉2"要限制产能了。这意味着，拜城县2011年的油气资源税收入不仅不能增加，反而要降低。

"限产的通知还没下发，但是中石油有领导已经到拜城来说过，现在中哈天然气管道通了，尽可能先用国外的，国内的天然气就作为补充，'克拉2'将作为重要的调峰气田。"拜城县政府一位官员透露，关键是和国外签了协议，用不用都要付钱，只能先用国外的。

塔里木油田公司克拉作业区经理张强告诉笔者，这是为了保证"克拉2"气田的长久开发。气田开发后几乎满负荷运转，正常产能是一年100亿立方米，但前几年基本在120多亿立方米，气田损害很大。按现在的方案，每年采80亿立方米比较合理，必须限制开采速度。

但是，对于地方政府而言，伴随资源税改革计价方式的转变，油气产量越多，税收就越多。要想资源税收入增长幅度加快，资源开采量自然是越大越好。

蒋加强表示，县里也曾有过这样的想法，现在趁着资源税改革，赶快开采，开采完了以后，迅速带动财政增收，但是最终这种鼓励更多资源开采的冲动，还是抑制住了。从长远来看，资源的可持续发展更重要。"'克拉2'气田原来几乎是掠夺式的开采。"

资源税的增收效应不如预期，但拜城县还是保有对资源税改革的期望和感激。"有总比没有的好，这是中央对我们的照顾。没有的话，活还是得继续干。现在拜城县石油天然气税收的比重在下降，已经降到 60% 以下。"蒋加强表示，未来的县财政收入主要还是要靠城市经济自身的发展来带动。现在县里正试图把煤炭下游产业做起来，比如煤焦油。

对于更多的拜城县官员来说，资源税不如预期，主要是自治区拿走的部分太多。"2009 年资源税征收后全口径（征收总额）交到县上的是一个多亿，但是要和自治区分成。分成后地方只留下 2500 多万元。"拜城县一位基层官员表示，资源税是地方税种，应该都留在地方，也就是油气产地。

而新疆在石油天然气领域专门出台了自己的资源税分配政策，按照"自治区留 75%，地方留 25%"的比例进行分配。按照国家政策来说，这种做法并不合理。

2010 年资源税改革政策出台后，新疆涉油气地区一直在向新疆维吾尔自治区人大提出有关"资源税收入分配比例调整"的问题。各涉油县也曾集体去找新疆维吾尔自治区政府领导交流过，自治区的一位副主席回应了这样一句话：老爸裤袋里有钱了，儿子还可能没钱花吗？

油田企业干脆限产好了

拜城县这样的涉油县，希望资源税收入留在地方的比例越高越好，但是自治区层面显然有着另一番考量。

"我们也挺同情地方的，也想过是不是要调整一下这个比例。"新疆维吾尔自治区地税局总会计师方章荣说。但是，从现实来看，涉油县在整个新疆地区还是少数，如果资源税的增收效益在少数地区过于明显，显然不利于考量资源税改革的全盘效益。

"现在新疆一些相邻近的县，有油气的和没有油气的，财政收入差距已然很大，如果让涉油县的资源税收入增长过快，差距就拉得更大了，这时需要自治区先收上来，分配一下，在涉油地区和非涉油地区之间做一个平衡。"新疆地税局财产和行为税处一位官员表示。

其实在自治区层面，有关"资源税收入分配比例调整"的问题已不是关注的焦点，眼下最关键的问题是：资源税的总体收入并不像舆论炒作的那样，增长很多。新疆地税局财产和行为税处先福军说，新疆现有138种资源矿产品，最具优势的是石油和天然气，天然气年产量全国第一。按理说，资源税收入应该很高。2010年改革后，外界预测说新疆资源税增收100亿元或者80亿元，结果油气资源税只增加了17.71亿元。

在2010年5月下旬新疆地税局有关"资源税改革一周年"的汇报材料中，笔者看到这样一句总结的话：新疆资源税的总体收入还比较少，和资源大区的地位不太相称。收入与地位"不相称"被认为体现在两个方面。"2010年新疆的国税、地税加在一起是1000多亿元，而新疆资源税包括油气资源税在内，总共才收了32.32亿元，其他的税收比如增值税、企业所得税，比它要多得多。资源税的比重还是太小。"新疆地税局财产和行为税处处长陈跃年告诉笔者。此外，这些资源开采企业，资源税的税负平均下来不到1%，增值税的税制设置由于扣除的部分较少，平均税负能达到10%左右。

2011 年 5 月 24 日，恰逢国家税务总局来新疆调研资源税改革情况，在座谈会上新疆地税局当即提出，资源税的税率，还有进一步提升的空间，同时建议适时取消减免税。此言一出，一位油田公司的财务处负责人当场表态：资源税的税率如果还要进一步提高的话，油田企业干脆限产好了，或者直接停产，政府也就没有这项收入了。

参与座谈的新疆各大油田企业中，除了塔里木油田公司表示资源税改革对油田利润影响不太大之外，其他油田公司均表示，自身的税负已然难以承担。"2010 年，资源税从价计征后，新疆油田资源税比改革前增加了 292.4%；2011 年是改革的第二年，1 月到 4 月的资源税比去年同期增长了 684%，预计全年实现资源税 20 亿元左右，公司利润将减少 17.47 亿元。"新疆油田公司财务处负责人说。

油田企业不堪重负的原因是，近年来油田的开发成本在不断提高，企业的利润在不断下滑。"在中石油的 14 个油田中，除个别油田如塔里木油田等是盈利的，有近 1/3 的油田接近亏损线。"吐哈油田公司党委书记刘玉喜说。

特别是处于中后期的老油田，开发压力颇大。有 50 年开发历史的克拉玛依油田等主力油田，多数进入低产期。为了保持产量稳定增长，现在开发的很多是高含水油田，产出的 90% 都是水，开采难度大，见效慢。

同样进入老化的吐哈油田只能开采稠油、高凝油等，它的油气完全成本、操作成本均高于中石油集团的平均水平。"现在每桶原油收官价格是 40 美元，吐哈对应的实际操作、完全成本已达到39.6美元，主要包含材料、动力及更高的技术成本。"刘玉喜表示。

多数油田企业认为，难以控制的成本已给油田的生产经营带来压力，资源税改革带来的税负大幅增加，让企业感受到了双重压力。如果政府不能体谅到企业的压力，企业的积极性会受到打击，难以投入更多资金开发油田。

"现在重要的不是进一步提高税率，而是把难开采的高含水油田等纳入资源税优惠范畴。"一位油田公司财务处负责人表示。这一建议与新疆地税局提出的"取消减免税"恰恰相反。

这位负责人还指出，在最近一次的国土资源部调研中，听闻国土资源部也准备提高矿产资源补偿费了，希望各类税费能"合并同类项"，即使下一步要征收更多的资源税，别重复征收就好。

不能全力押宝在资源税上

油田企业对于资源税带来的税负增长，似乎有诸多苦不堪言的体会，但新疆当地的民众对于油田企业的"叫苦"行为不甚理解。"石油企业怎么会付不起资源税。"家在乌鲁木齐的一位市民告诉笔者，中石化虽然在新疆的油田不多，这几年早就在乌鲁木齐北边最好的地段上花费几个亿，建起了几座高档大楼。

石油企业与地方在收入上的差距有多大？中石油在疆企业的一位老员工向记者表示，自己是一名普通员工，在库尔勒市最核心的区域，住着石油系统分配的大房子，均价为每平方米4000

元；自己的一位老同学，虽然在附近的县里当县长，却住着便宜的房子，甚至连一顿饭都请不起，每次聚会都是由他这个"石油人"请客。

"新疆很多的县长、县委书记连请客都请不起，只能在家里吃饭。"新疆维吾尔自治区政府研究发展中心主任赵德儒表示，在新疆的这些油田企业利润，90%被中央截留了，新疆贡献了资源，但最后的分配并不公平。财政上分灶吃饭之后，新疆一直扮演的角色是：穷人补贴富人。"现在是还账的时候，富人还穷人的时候，资源税就是让贫穷的地方充分享受贡献资源后的增收权利。"赵德儒说。

"资源税第一个基本职能就是调节级差收入，但是1994年推行这一税种后，基本没有发挥出这样的调节作用。"新疆地税局财产和行为税处先福军指出，1994年是向商品经济过渡的时期，那时定的税额，比如煤炭资源税一吨是按3毛、4毛、5毛算，十几年过去了，一直到2008年才改为3块钱。2010年资源税改革之前，原油的税负从1994年开始，一直没有变化，在0.8%左右，现在才达到4.49%。资源税改革如要推广，税率还有继续提升的空间。

国家税务总局财产和行为税司副调研员袁泽君认为：资源税改革接下来的走向，既要兼顾资源的合理开采利用，又要考虑到公平竞争、征收简便。这里面是一个博弈的过程，不能说只顾一头，成本高于价格的时候企业肯定不干了。那么，最后资源税怎么征收得上来？

"从油气集团公司整体的盈利水平来看，我们认为是有提升空间的。但还是要提促产增收，企业该照顾的要照顾，确保油气田企业的发展，以此保证税收来源。"新疆维吾尔自治区地税局总会计师方章荣表示，关于提升资源税的税率空间，油田企业和政府持完全相反的观念是正常的，毕竟各自的立场不同。

资源税改革的关键是寻找结合点，有油田企业也提出过，希望资源税能多交一点，企业所得税少交一点，这就是共识。"但是我们只能喊一喊，根子还是在财政部、国家税务总局以及中石油之间的关系协调上。要按照资源大区的目标，推进新疆资源税改革，但是不能把资源大区这个宝全部押在油气资源税上，否则就算把油气企业压死，也实现不了资源大区的目标。"

（原载于《瞭望东方周刊》2011 年第 25 期，有改动）

【手记】

能源富集的西部地区，在日复一日的能源供应格局中，一直处于利益分割的劣势方。资源税改革被认为是对能源经济利益的重新调整和分配，新疆作为新一轮资源税改革最早的试点地区，在经历了改革之后，能源利益分配格局究竟发生怎样的实质性变化，是否如外界传言般，新疆的地方财政收入获得极大增长和相当收益？

带着这样的思考，笔者于新疆资源税改革一周年之际，历时半个月，深入新疆油气改革的核心地区，实地探访了拜城、库尔勒、乌鲁木齐等地，客观地揭示了资源税改革为新疆这一年来产生的实质性影响：虽然带来收入的增长和生活的改善，但这种程度并非外界传言中那么高，而且眼下还面临着收入减少的挑战。

笔者着眼于资源税改革序列中多利益方之间格局的形成，展示了从最基层的老百姓到油气大县的官员以及自治区层面的政策推动者、油气企业的代表、中央的政策设计者，在资源税改革中最真实的感受和期待。

在充满动感的故事性描述背后，本文从微观到宏观，首度全面剖析了在资源税改革中，从中央到地方、从油田企业到政府之间，多个利益方之间相互博弈的过程，为中国资源税改革的进展提供了一个解读的样本。文章发表后，引发相关领域专家、媒体颇多关注，特别是西部地区资源大省组织论坛进行了相关讨论。时值资源税改革范围进一步扩大的时期，本文的相关内容被写成内参，呈报中央涉及资源税改革的相关部门。

中国页岩气开发提速

中国进口俄罗斯的天然气迟迟未决，努力开采国内的天然气，特别是非常规的天然气——页岩气，成为一个新的选择。

2011 年 8 月 18 日，国家能源局会同有关部门已经编制完成了页岩气"十二五"发展规划。"内地页岩气资源比较丰富，具有良好的发展前景。国务院对页岩气发展高度重视，多次做出重要批示，要求加快页岩气勘探开发工作。"原国家能源局负责人强调，制定"十二五"页岩气发展规划，是国家能源战略规划的重要组成部分。

这一规划在能源界人士看来，意味着中国页岩气开发正式进入加速阶段。一旦加速成功，中国将在天然气这一新能源领域大幅减少对外界的依赖，引发一场能源自主的新革命。

然而，在这场能源革命展开前，中国还需考量页岩气所带来的风险。眼下，在世界范围内，页岩气计划面临着不容忽视的对环境污染的质疑。

2013 年摸清家底

页岩气是一种从页岩层中开采出来的非常规天然气资源。近年来，因其价格便宜和洁净，成为许多国家政府、石油公司的重点研究目标，包括中国在内的亚洲国家竞相掀起一股页岩气开采的风潮。

在这股风潮中，中国的页岩气储量最被外界看好。据美国能源信息署（EIA）估算，全球 32 个拥有页岩构造国家的可开采页岩气资源约为 163 万亿立方米，中国约有 36 万亿立方米的页岩气资源，是除美国外全球最大的页岩气资源国。各种迹象显示，当年在美国引发过一轮"天然气革命"的页岩气开发，正在中国大举铺开。

就在国家能源局高调宣布页岩气"十二五"规划之前，国土资源部已深度介入中国的页岩气开发。2011 年 4 月上旬，由国土资源部出资六七千万元建设的、该部第一口超千米的深页岩气勘探钻井，在贵州省岑巩地区的青山之畔开钻。几乎同时，国土资源部召开了全国页岩气资源的专题会议。会议透露，对于页岩气的勘探已经列入国土资源部 2011 年的工作计划。全国范围内页岩气资源战略调查与选区的项目全部通过技术审查。

政府部门集中于 2011 年对页岩气进行战略部署，国内嗅觉灵敏的油气巨头则提前进入了页岩气的实质开采阶段。2010 年 12 月 28 日，中石油集团发布公告，称与壳牌石油公司合作的第一口页岩气井于 12 月 22 日顺利开钻，该气井位于四川富顺区块。同样在四川，此前一个星期，中石化勘探南方分公司成功对元坝 9 井自流井组东岳庙段湖相泥页岩气层实施大型压裂测试，探明页岩气日产量 1.15 万立方米。

中石化以及中石油对页岩气的开采重心都集中在西南区域。其中，四川更是必争之地。2010 年 4 月，中石油的川庆物探 209 队在四川盆地相关区块中，完成了对嘉陵江、飞仙关、侏罗系 3

个试验点的资料采集。此前，中石化虽然宣布与英国石油公司
（BP）在贵州凯里、苏北黄桥等地着手合作开采页岩气，但中石
化勘探南方分公司的内部人士称，他们将主攻四川东北、四川南
部盆地的页岩气项目。

随着页岩气资源的家底在 2013 年被逐步摸清，石化巨头们
也将继续铆足力气，在这一天然气的新领域发起争夺战。

"页岩气革命" 的中国版

被高层看好前景的页岩气，在国内已经有了中石油、中石化
这样的巨头倾力投入，但是在国家发改委能源经济与发展战略研
究中心主任高世宪看来，一切还在起步阶段，中国的页岩气距离
大规模的商业开发，还有很长一段路要走。

最关键的是解决技术层面的难题。水力压裂技术和水平钻井
是两项最关键的技术，它们如何应用于页岩层需要试验研究。"中
国在这方面非常缺乏经验，向海外取经成了必由之路。"厦门大学
中国能源经济研究中心主任林伯强表示，美国成为取经路上的第
一位老师。20 世纪 80 年代中期，美国大规模发展页岩气，如今除
了储量丰富的优势之外，更是全球页岩气开采技术最先进的国家。

作为页岩气领域的后起之秀，中国开始和美国频繁接触。
2009 年 11 月，中美双方签署了关于在页岩气领域合作的备忘
录。在这一基础上，双方制定了《美国国务院和中国国家能源
局关于中美页岩气资源工作行动计划》。

在中美高层牵手合作的背后，中方看重的不仅仅是美国的技

术，更是"页岩气革命"将产生的影响。20 多年的探索后，2006 年美国页岩气产量为当年天然气总产量的 1%，2010 年这一数据跃升至 17%，超过 1000 亿立方米。5 年间，美国页岩气产量增长近 20 倍。2009 年，页岩气开采在美国天然气开采总量中的占比升至 10%，美国一跃成为世界第一大天然气开采国，不仅实现自给，还准备出口。

美国对全球天然气供需关系变化产生剧烈影响，舆论惊呼，"页岩气革命"时代已经来临。

与美国相似，作为能源消费大国，中国的天然气需求量和消费量也是与日俱增。"2011 年上半年，我们总体天然气消费量达到 734 亿立方米，同比增长 22%，进口量也同倍增长。中国天然气的产能在 2020 年达到 2200 亿立方米的情况下，还有 50% 需要进口。"中国石油大学能源战略研究中心研究员庞昌伟指出，届时中国天然气的消费量为 4500 亿立方米左右。

然而，不论是进口海外液化天然气（LNG）还是管道天然气，和目前国内的价格相比都明显偏高。美国页岩气商业化的成功，让中国看到了天然气供应战略"由外向走向内探"的可能。这种"向内探"的做法，在发改委能源所副所长李俊峰看来，某种程度上只是一个策略问题。

页岩气的增加将直接冲击中国对传统天然气的需求，有力地增强中国在进口海外天然气时的议价能力。2010 年 8 月 17 日，在与俄罗斯能源专家交流时，俄罗斯科学院能源研究所研究员塔基亚娜·米特洛娃表示对"美国把开采页岩气的技术转给中国"非常关注，很想知道中国对页岩气的技术掌握到何种程度，语气中透露出担忧：中国一旦掌握成熟的页岩气技术，会影响从俄罗斯进口天然气的积极性。

"页岩气革命"的成功，被视为美国能源独立战略的重要一环，而中国对于能源自主性的争取，同样充满着渴望，只是中国版的"页岩气革命"若要成功，并不是引进技术就能实现的。

环境风险引发抗议声潮

在中国企业和政府部门热心于"页岩气革命"的时候，作为页岩气开采前辈的美国，却遭遇了有史以来最为强烈的质疑。2011 年，美国国内不少公开发表的文章指出，页岩气在开采中对美国本土产生了环境污染，在美国一些地方形成了公益诉讼，公众担忧页岩气开发对环境造成的污染已很严重。

"如果美国已经出现了这样的问题，我们可能就更糟糕了，毕竟我们相关的环境标准还没有美国那么高。"林伯强说。

"开采页岩气一个很大的问题就是要注水，要从地下很深处的页岩致密的裂缝当中把气提出来需要注入大量的水，对于中国这样水资源短缺的国家来说，将有很大的瓶颈。即使在四川水较多的情况下，开采出来的页岩气恐怕也会对周围环境造成污染。"国务院发展研究中心欧亚所研究员孙永祥所担忧的是页岩气提取采用的水力压裂技术。

近来，这项技术在世界范围内的推广引起较大争议，主要是认为对地下水源会造成潜在的污染。2011 年 2 月，壳牌公司在深入南非卡鲁盆地进行页岩气勘探时，遭遇当地民众的抗议浪潮。公众的忧虑主要集中在水力压裂技术上。当地人认为，把水、沙土以及化学用品全部混合放入地下引爆，迫使岩石破裂，从而释放被困的气体，这样的做法会污染地下水源。2011 年 6 月末，法国议会通过了禁止应用水力压裂法的法案。这样，法国成了第一个对页岩气计划明确说"不"的国家。

页岩气计划海外受阻，并未影响其对中国的技术输出，却让中国的页岩气开采多了些谨慎。中国页岩气目前还在起步阶段，很多问题都没法在短时间内得到解决，除了环境风险问题，最迫切的还有价格问题。

"页岩气比常规天然气的开采成本更高，而中国的天然气价格还没有和国际接轨。美国页岩气开始都挣得不多，很多亏得不行，在美国国内可以低于成本卖。但我们不行，开采出来肯定要把价格算好，算好之后对天然气价格上涨一定会形成压力，但涨价不是轻易实现的。"

尽管矛盾重重，战略规划已然完成，随着中国天然气的对外依存度越来越高，开采页岩气成为中国新能源战略的补充。

"现在只能一方面加快技术合作，一方面把相关配套做好。这里面也挺复杂，比如面临资源归谁、是不是允许民营介入等问题。作为非常规的新的能源来源，管理上比较容易混乱。常规油气是国家的，那么页岩气是地方管理还是中央管理？"林伯强说，放在中国的环境下，页岩气是一定要开发的，但没有想象中那么快，得有一个过程。

（原载于《瞭望东方周刊》2011 年第 35 期，有改动）

常年积水的高寒湿地是生态系统非常独特的地区/作者李静摄于黄河源头

第三章　修复

生态系统一旦失衡，其修复的过程极为漫长，修复中需要付出的不仅是经济代价，还有耐心和人类作为自然界一员的智慧。

鄂尔多斯也差钱

为弥补生态移民资金的缺口，鄂尔多斯在上报内蒙古自治区的一个方案中提出，在大量农牧民转移出来之后，可以把腾出的宅基地置换成农用地，这样就有更多的财力来支持生态移民的后续建设。

"现在我们跟自治区要钱也不可能，毕竟鄂尔多斯财政收入自治区第一，只能要一些政策。"2010 年 4 月鄂尔多斯农村牧区人口转移办公室主任金琦说。

这一点在很多人看来无法想象，人均 GDP 要超香港的鄂尔多斯，怎么会缺钱搞生态？而事实上，从 2005 年开始依靠地方财力持续投入生态修复的鄂尔多斯，确实进入了一个压力期，这种压力在声势浩大的生态移民过程中尤为明显。

从鄂尔多斯甚至到内蒙古自治区都在迫切地发出一个声音：希望国家能尽快出台政策，在资源开采的同时，为地方预留一些生态恢复资金。"生态补偿不仅是地方政府的事，也是中央政府的大事，国家还是得拿出一部分钱来买这个生态。"内蒙古低碳经济研究院院长许柏年表示。

终于等来的国家大项目

"20世纪70年代初那几年，下雨下得好，草长得老高，人们骑马过来很容易会被绊倒。"家住伊和乌素苏木的花甲老人王兆成，十分怀念那段光景。自那以后，雨水渐少。20世纪80年代末，草场西边唯一一条小溪消失了。

干旱少雨，风大沙多的草场，越发不能满足羊群的生长。畜牧业却肆意扩张起来。鄂尔多斯农牧业局总畜牧师王耀富说，20世纪90年代，山羊绒"软黄金"迅速走俏，最好的时候能卖到250元/斤，人们开始使劲养羊，1997年草原上的牲畜达到684万头，是新中国成立以后的最大量。严重超载的草原变得"面目狰狞"：大片黄沙侵占了绿野。

1998年到2000年，连续3年的大旱令鄂尔多斯脆弱的草原生态更为脆弱。当地人常用"赤地千里"来形容那几年：地裂河干，河底子都暴露出来，人的生活、牲畜的生产都相当困难。"春天沙尘暴一来，门都开不了，沙尘把院墙给推倒了。晚上睡觉头上还得顶着褂子，早上醒来，褂子上尽是沙。"鄂尔多斯农牧业局副局长白晓明回忆说。

2000年，鄂尔多斯市在整个自治区率先推行起"禁牧、轮牧、休牧"制度。这个制度，简单来说，就是把放养的羊圈养起来。白晓明解释说，当时实在是没有办法，鄂尔多斯的退化草原已占到可利用草原面积的80%，必须让传统的畜牧业画上句号。

笔者在鄂尔多斯采访时，正值草原的休牧期（从 4 月 1 日到 6 月 30 日），茫茫草原上已看不到牧人赶着羊群游走的身影。但禁休牧并没有完全变成自觉行为，实施中有很多反复。"一开始就是政府不拿钱，让农牧民把羊圈住。执行也得执行，不执行也得执行。老乡都是白天圈起来，晚上放出来。跟打游击战一样，山上插着信息树，禁牧大队一来，树就被放倒，牧民赶紧赶着羊群回家。"白晓明说。

对于祖祖辈辈以放牧为生的王兆成一家来说，农牧民"对着干"是有道理的。"突然改喂养了，接受不了，更重要的是饲养成本大大增加。开始只有政策，没有补贴。"

"搞补贴的话，心有余而力不足。"鄂尔多斯市财政局一位内部人士指出，当时的鄂尔多斯刚刚踏上快速增长的班车，经济基础还很薄弱，2000 年的财政收入有 157426 万元，这样的财力只能先搞点基础建设。

伴随 2002 年国家一系列重点生态工程项目的实施，胶着对峙的情形得到扭转。退牧还草、退耕还林、天然林保护等一系列"国家大项目"，带来了鄂尔多斯从未想象过的生态投入"大手笔"。"这之前，国家在生态方面都是星星点点的投入，而这些项目国家一投就是上亿元。"鄂尔多斯林业局宣传办主任于荣刚说。以退牧还草工程为例，国家从 2002 年开始在鄂尔多斯实施该项目，6 年里项目总投资达 11.92 亿元，其中国家投资 5.28 亿元，地方配套 1.89 亿元，饲料粮补贴折合现金 4.75 亿元。

"地方政府只要适量配套一些资金就行，农牧民也有了补贴，各旗县的积极性全被带动起来了。"于荣刚表示。项目实施的 6 年间，鄂尔多斯共完成退牧还草建设任务 3398 万亩，占到了整个草场总面积的 1/3。在 2004 年全国"退耕还林、退牧还草"现场会上，鄂尔多斯有过这样的感叹："如此巨大的投资，在我市草原生态建设史上是前所未有的。"

大项目所带动的生态建设热情，最终让鄂尔多斯的草原重新焕发生机。截至 2008 年，曾经低矮光秃的草原，草原高度由 2000 年的 15 厘米提高到 40 厘米以上。

就在鄂尔多斯各旗县对生态恢复热情逐渐高涨时，却有了意外的发现。"退耕还林项目上，国家新增的造林任务每年都在不断减少。"杭锦旗林业局局长梁长胜印象深刻的是，2004 年杭锦旗按照以往标准，预备建设造林 10 万亩，结果国家造林任务突然减少，10 万亩的造林成为多余，补贴没了着落。"农牧民都垫钱造好了，没法交代，旗县压力很大。最后上报国务院，2004 年解决 1000 亩的补贴，2005 年年底国家追加了 1.5 万亩，2007 年造林的任务就彻底停掉了。"

随着"国家大项目"的投入逐渐减少，甚至戛然而止，鄂尔多斯各旗县对于生态修复的态度，开始陷入另一种状态。

地方掏钱买生态

2008 年，已经实施退牧还草工程 150 万亩的鄂托克旗，在国家项目补贴结束后，面临着"要不要继续禁休牧"的困惑。

按照实地的监测，该旗项目区的草原植被有了明显的恢复，却远未形成稳定的生态系统。"鄂尔多斯地处库布奇、毛乌素两大沙漠地区，退化的草原生态在 5 至 10 年内都难以得到很好的恢复，如果解禁，草原重新退化是一定的。"王耀富说。

如果继续禁休牧，农牧民在失去了国家项目提供的饲草料补贴后，会产生很强的抵触情绪。骑虎难下的鄂托克旗，最终决定维护禁休牧措施，在当年地方财政收入只有 60762 万元的情况下，拿出 540 万元，用来填补"大项目"退出后的补贴资金空缺。

整个鄂尔多斯也面临着同样的困惑。"国家大项目"结束后，按照地方原来的办法，就是一分钱不给，让老百姓把羊圈起来，但操作难度越来越大。"农牧民的负担在变大。"王耀富指出，根据 2009 年的调研报告，在鄂尔多斯每只羊因休牧增加的饲草料成本为 60 元左右。每户至少有 300 只羊，按此计算，休牧 3 个月的生产成本至少要增加 1 万多元。而农牧民 2009 年的人均纯收入是 7800 元，户均纯收入也就两万多元。事实上，从 2000 年开始，针对禁休牧后的负担增加问题，农牧民曾不断到各级旗县部门上访。

如此，鄂尔多斯终于下定决心，从 2010 年 4 月 1 日起，在全市范围内针对所有参与休牧的牧户，实施休牧补贴机制。这一次的补贴资金量为 3596 万元。虽然是市县两级财政共同承担，但市级财政拿出了大手笔，对于财政较弱的杭锦旗等，市财政承担 90%；对于财政较好的乌审旗，市财政也按照 70% 来承担。

"这不是说拿上一两年的钱，一旦投入，就要一直投下去，不是一般财力能承担的。生态补偿模式，只有财力好了才能做。"白晓明指出，近年来，鄂尔多斯因为资源开发，特别是工业的异军突起，积聚了大量财力，终于开始了掏钱买生态的努力。

"特别是市一级，拿出很多钱投入到生态建设中。"鄂尔多斯林业局副局长贾继良也有同感。他表示，2005年以前，鄂尔多斯的生态修复主要依托国家重点工程，此后主要依靠地方政府投入。这一说法与2005年鄂尔多斯的超越发展似乎画了等号。2005年是鄂尔多斯自新中国成立以来，财政收入增长最快、增量最多的一年，在西部12个省区的地级市排名中增速第一，此后几年，依然保持这样的速度。

根据林业部门的统计，从2005年至2009年，鄂尔多斯单是在绿化方面的投入，累计达到60亿元。2010年这一年鄂尔多斯在"五区"绿化方面的计划总投入，则将近80亿元。其中财政收入靠前的伊金霍洛旗和东胜区在绿化方面的投入，均超过20亿元。

如今，无论走在鄂尔多斯市区的街道上，还是行驶在各旗区的高速路上，一眼望去，路两侧皆是高高低低的嫩青树苗，虽然未形成茂密之势，却也能看出鄂尔多斯"掏钱买生态"的效果正在初显。一位来鄂尔多斯参观的锡林浩特盟官员不由感叹：看来"先开发，后保护"这条路还是行得通的。

在鄂尔多斯人心中，这条路走得十分不易。虽然地方有大笔资金投入，但是生态治理建设的速度依然很难赶上沙化、退化的速度，更重要的是，生态治理的成本如滚雪球一般，越滚越大。

"整个社会对于生态修复的要求也越来越高。"贾继良说，重点工程造林原来用的树种是本地就能长的沙柳、柠条。2005

年提出了物种多样性，比如要求 10%～20% 是针叶林树种，这自然有利于生态的稳定，因为单一物种容易被侵蚀，但是成本一下就翻了倍。

成本翻倍更厉害的是沙丘的治理。原来治理的沙丘平缓、地下水分较好，现在基本是高大沙丘，必须高技术处理，1 亩就要贵出 100 元左右。同时，高大沙丘人走不进去，只能用飞机进去"飞播"。2005 年之前一亩地飞播的成本是 56 元，国家投 40 元，地方政府 16 元。按现在的标准，1 亩地的成本能达到 1000 元左右。

高成本之下，地方政府希望借由社会资本的进入，稍微缓解生态修复的压力。"像林沙产业这样的生态企业，原本就是要在沙地里，建设林木原料基地。2008 年，鄂尔多斯将植树造林重点工程向这些企业倾斜。就是把国家补贴给企业，带动他们的积极性。"

现实给出了另一种答案。鄂尔多斯林业局产业办主任刘彩霞表示，林沙产业在鄂尔多斯发展 20 多年，但回报率相当低，收支只能基本持平，有些企业像毛乌素沙漠生态发电项目，甚至是连年亏损。生态企业的规模相当有限，要想通过社会资本的力量逆向拉动生态修复，非常困难。因而，地方政府成了生态修复中唯一的主力军。

移民小区的资金缺口

对于地方政府在生态修复中花费的大气力，鄂尔多斯普通老百姓多数表示认可，但也有不少人认为，政府花费大量资金买来各种高大乔木做绿化的方法，纯属多余。"买来的松树，连成本带运费要八九百，连续浇水3年，未必能活。最好的方法就是让本地的沙柳、柠条自然生长，无须浇水，就能成活。"伊旗的居民乔风表示。

"这是生态修复中一个非常基本的思路：保护重于建设。"白晓明指出，鄂尔多斯近10年的禁休牧政策也证明了"自然修复的效果是最强的"。禁休牧期间，全市的植被覆盖度由2000年的30%提高到2009年的70%。

这让鄂尔多斯对生态修复有了一个宏大的计划。2006年，鄂尔多斯将全市8.7万平方千米的面积划分为3个区域，其中51.1%的土地被划定为禁止开发区。禁止开发区里尽是沙漠、缺少草原和水土流失严重的丘陵地区，为了这一区的生态充分得到自然恢复，鄂尔多斯市政府决定把禁止开发区内的农牧民整体搬迁出来，将该地区打造成彻底的无人区。

2006年，准格尔旗、鄂托克前旗开始对小部分农牧民进行搬迁。农牧民的积极性并不高，特别是50岁以上的人，担心出去以后找不到工作，政府跟进推出了新的保障机制，制定农牧民养老保险政策，并于2007年提出解决住房问题。

几年时间的摸索，2008年鄂尔多斯针对整体搬迁的农牧民出台了一整套政策，其中核心的四项就是：每人每年4000元的生活补贴；转移出来进城的农牧民全部执行城市居民养老保险的标准；而退出区的初、高中生，只要自愿，直接进入职业技术学校学习，学费由政府全部买单；最有吸引力的则是，农牧民退出宅基地后，将由政府在城镇转入地无偿提供一套 70 平方米的住房。

极富含金量的移民政策令无人区的搬迁变得顺利。2008 年年底鄂尔多斯完成 1.2 万平方千米的"无人区"计划，接近禁止开发区的 1/4，退出农牧民 19293 户。2009 年继续完成 1.1 万平方千米的计划，搬迁户数达到 26478 户。

短时间内，搬迁力度如此之大的鄂尔多斯，很快感到未曾预想的压力。从 2007 年到 2009 年，禁止开发区移民的全部补贴是 8.5 亿元，这一部分的后续保障投入勉强保证，但是住房的建设速度开始滞后，3 年转移出来的农牧民，住房缺口接近 2 万户。为尽快解决转移农牧民的住房问题，2009 年鄂尔多斯市政府规划了 18 个精品移民小区，从 2009 年开始统一建设，小区配套建设的幼儿园、社区卫生所等公共设施一应俱全，位置都在比较中心的区域。然而，原计划 2009 年年底能初步建成的 18 个小区，直到 2010 年依然未能建成。

"这样的建房成本很高，目前鄂尔多斯经济适用房造价都在每平方米 2000 元以上。这 18 个小区的总投资在 67 亿元。而鄂尔多斯一年可用财力在 160 亿元左右，不可能一下拿出那么多钱投在建房上。"金琦说。

最终政府通过贷款融资 33 亿元。不仅如此，鄂尔多斯市、县两级财政还拿出 20 亿元配套。为了提高各旗县的积极性，市财政在建房配套资金中占大比例。金琦介绍，像东胜、伊旗这样财力较好的旗县，市里出 40%，旗县拿出 60%。而杭锦旗 2009 年财政收入刚刚突破 3 亿元，市财政则负责 90%。

然而，即使是 10% 的比例，仍让杭锦旗感到压力。在该旗县走访从无人区退出的牧民时，笔者发现基本上没有人享受到 70 平方米的住房。杭锦旗农牧业局副局长杨永茂表示只有等市里投入的"大盘子"下来，旗县才敢配套，否则资金缺口太大。

对于禁止开发区整体设计转移的 40 万人口来说，资金缺口不仅是眼前的难题。18 个移民小区只是解决前 3 年的移民住房问题。整体设计的转移人口在 13 万户左右。此外，优化、限制发展区内的农牧民也在适度转移，并享受同样的政策。经测算，到 2012 年，鄂尔多斯需转移农牧民 42.13 万人，总投入接近 300 亿元。

这一投入的力度，在鄂尔多斯统筹城乡重点建设领域投资概算中，已远超社会事业、基础设施等建设工程。对此，市财政局副局长高子奎指出，市旗财政要做的事情很多，很难持续投入那么多钱，就算协调贷款也不容易。每年还本付息的压力也很大。

为寻找资金的出口，鄂尔多斯在 2010 年上报内蒙古自治区的一个方案中提出，在大量农牧民转移出来之后，可以把腾出的宅基地置换成农用地，这样就有更多的财力来支持生态移民的后续建设。

"财政收入第一"的美誉和困惑

正因有了自治区"财政收入第一"的美誉，很多人认为鄂尔多斯在生态修复上有足够雄厚的实力来承担。然而，当局者却有着另一番感受。

"尽管财政收入迅猛增长，但是收入的一半都上缴了。"鄂尔多斯市财政部门相关人士指出。从 2005 年开始，鄂尔多斯的上划收入就开始接近财政总收入的一半，到 2008 年鄂尔多斯的上划收入已经超出财政总收入的一半。

2009 年，鄂尔多斯的财政总收入累计 365.8 亿元，同比增长 38%，而其中上划中央的税收收入占到了 175.4 亿元，上划自治区的税收收入是 28.3 亿元。

"鄂尔多斯一年可用财力只有 160 亿元左右，其中还包括了国家转移支付的钱。这些钱并不是绰绰有余的，2009 年单是社会事业的支出就达到了 138 亿元。鄂尔多斯也就近年开始好转，但各种基础太差，包括公共医疗、教育、卫生，财政需要投入的地方还很多。"

"上面的看法是，你 GDP 增加一点，国家就减少一点补贴。比如以前国家还有对农牧民的培训资金，2009 年开始这个也没了。"内蒙古发改委一位官员指出，如此情形，让鄂尔多斯对这种"中央拿大头，地方留小头"的分配比例，不由产生了一些想法，而这些想法集中针对的就是中央直属煤炭企业。目前，煤炭行业的收入在鄂尔多斯的财政收入中占 46% 的比例，而这些大量生产煤炭的矿区，主要属于神华这类的央企。不少接受采访的鄂尔多斯市人发出相同的疑问：那么多的煤炭资源给国家做贡献，留给地方的又是什么呢？

金琦指出，这些煤炭企业的税收主要是国税，按增值税算 75% 给国家拿走，留在地方的很少。比如央企煤矿较多的伊旗和准格尔旗，伊旗 2009 年财政收入 80 亿元，地方可用财政只有

18亿元。准格尔旗财政收入过百亿，留下的只有30个亿。

"更重要的是央企把资源挖走后，留下来的是生态破坏严重的沉陷区，潜在影响很大。地方政府想解决，财政又拿不出那么多钱。"高子奎说。

就在鄂尔多斯为这样的格局困惑时，作为煤炭主产区的伊旗，已开始一场静悄悄的探索。这个年产煤量在1.2亿吨的旗县，有近8000万吨的煤炭产自国有煤矿。2006年年底，伊旗针对12座国有大中型煤矿开始收取一种特殊的费用：生态补偿资金。

"咱们也是被逼没办法，做这个事情，每天都要面对矿区老乡的大量上访。"伊金霍洛旗矿区生态环境恢复补偿领导小组办公室负责人高凌云表示。

2005年前后，伊旗矿区的矛盾日趋激化。随着央企对当地优质煤炭的大量开采，利润暴增，当地原住民的生态环境受到很大冲击。虽然煤矿对矿区群众有所补偿，但每年补偿数量不一，且整体标准较低，塌陷区的老百姓对这样的状况相当不满，导致煤矿不时遭到老百姓围攻，不得不暂时停产。

为了恢复当地的生态，也是为了今后的发展，伊旗决意制定统一的生态补偿标准，并要求境内最大的国有煤炭企业神东公司签订一个协议，每产一吨煤炭地方收取1.8元，最后将收取的全部资金用于煤矿所在地采空区的治理，包括水位下降、植被恢复、耕地、林地损失的补偿。

"当时企业方面抵触情绪很大，直接发问，为啥要收我们的钱，中央也没这个政策，不就是个地方规定嘛。"伊旗县委的一位官员透露。

无奈之下，政府通过煤炭协会的形式和企业进行了协商，并试图让企业明白这项"地方规定"对企业而言，还有一个特殊意义，就是"你在这里采煤，政府统一给你解决矿区矛盾"。

急迫的诉求下，生态补偿金终于落实。但是如今补偿的费用和生态补偿的需求还有着不小的距离。面对越来越大的采空面积，生态修复的难度不断增加。目前，2.5 万亩塌陷区中 40% 要治理，近 1 万亩，而治理 1 亩就要 1 万元。

"更重要的是煤矿移民搬迁越来越多。这些移民不仅要进行一次搬迁补偿，而且要对搬迁户进行每年的耕地补偿，数字越滚越大。同时，2005 年制定的补偿标准中并没有考虑养老保险，按照失地农民养老保险的标准，2009 年一个移民就要交 121500 元。移民住房安置的成本在增加。原来测算，建设安置房的成本价在 800 元左右，但现在建设成本至少要 2000 元。央企产煤有了收益，造成的损失总不能让地方政府一再补贴。政府还得负责移民的教育、就业安置等各方面。企业必须承担一点责任，帮老百姓妥善安置。"

重新考虑这些缺失的补偿部分，2009 年年底伊旗进行过精密测算，拿出新的补偿标准，提出每吨煤补偿资金提高到 6.8 元。执行的目标日期是 2010 年元旦，但直到现在也没执行，甚至没有谈妥。高凌云表示，跟神东公司谈了几次后，企业表示也知道生态恢复的成本现在越来越大，但最多每吨煤只能给 3 元的补偿金。

"这样的操作是有益的，但有的东西不能强行，毕竟企业比较大，不好整。更大的问题在于，目前这一费用的收入明显依据不足，国家法律里并没有相关的补偿标准。如果国家生态补偿可以强制执行。至少自治区层面应该出台规范性的生态补偿文件。"伊旗县委一位官员说。

在国家生态补偿机制尚未建立的前提下，伊旗的探索无疑是独特的。至今这一政策尚未在鄂尔多斯境内推广，只有同为煤矿大县的准格尔旗仿效其方法而已。

（原载于《瞭望东方周刊》2010 年第 21 期，有改动）

【手记】

做本篇报道的时机，正是鄂尔多斯"鬼城"名号大肆宣扬的时候，但笔者并没有从这个热炒的新闻点切入，而是采用全新视角挖掘另一个真相：这座城市尽管被称作中国 GDP 增速第一的"内陆香港"，却正面临着生态恢复的窘境，恢复草原生态和生态移民的资金压力，让其不堪重负。

为了深入考察鄂尔多斯市生态补偿上的政策措施及效应，笔者从最基层的旗县、牧民开始接触，再到市一级相关政府部门走访，历时半个月，获取大量一手资料，为鄂尔多斯的生态补偿代价，切切实实地算了一笔经济账。这样的剖析方式在西部的生态问题报道中较独特。本篇报道独家披露了煤矿大县伊旗在生态补偿方式上的自主性探索过程。这种探索缘于矿区矛盾的日益激化，在伊旗一处塌陷区的边缘，笔者当时遇到多位当地原住民谈及神华等央企对当地煤矿资源的开采，显得愤愤不平，认为宝贵的资源和利益全被上面拿走了，留下的只有被毁坏的草原和生态。

令笔者记忆犹新的是：央企在伊旗的工作人员甚至从不在当地的店铺消费，而是另起炉灶建起内部的消费场所。在资源大肆开采的同时，却难以形成垄断集团与资源开采地的利益共享机制，采空区的生态治理难以推进，矿区原住民和央企间的对抗日益让人心惊。最终，在缺乏上级支持的情形下，煤炭大县拿出了一套地方"土办法"，这办法是要倒逼央企为生态补偿承担些责任。这种探索谨小慎微，如今看来，不乏借鉴意义。

在中国西部，不少城市都希望以鄂尔多斯为样板，走"破坏—获利—修复"的道路。在不少西部官员看来，经济上迅速崛起的鄂尔多斯，完全有财力支撑自身的环境修复。然而，笔者在调研中发现，尽管鄂尔多斯付出高昂的经济成本，试图修复破坏的生态环境，治理的效果却迟迟不能实现，治理的成本则远远超出预期。生态修复非地方政府能承受之重，这种牺牲生态环境换来经济发展的模式，终不能奏效。本篇报道揭示出该样板的漏洞，引发西部地区从公共舆论到政府研究机构的强烈反思。生态领域的学者、中外媒体朋友在本篇报道发表后，与笔者多番联系、交流。

三江源生态保护：投入 75 亿元之后

说起三江源，人们的脑海里常会浮现这样的场景：天高云淡，鹰击长空，绿野莽原上野牦牛、藏原羚、白唇鹿等野生动物或奔跑或徜徉。在三江源的局部地区，如此壮阔的景象确实可见。然而，整体仍在退化。

2013 年 8 月上旬，笔者来到位于黄河源区的玛多县，沿着唐蕃古道向黄河源头所在的曲麻莱县出发。沿途一望无际的草原上，时常可见一片片牧草稀疏的沙砾滩。每当大风刮过，这些沙砾滩即刻成了沙尘源，沙尘扑面而来，恨不能塞进人的每一个毛孔。

"这就是'黑土滩'，荒漠化的前兆。"在花石峡，玛多县农牧农业局局长朵华本告诉笔者，对于地处世界屋脊的三江源地区来说，这种"黑土滩"现象一出现，如不及时进行"治疗"，"黑土滩"就会像传染病一样蔓延，危及周边草场。

据统计，三江源区的 1.5 亿亩退化、沙化草地中，失去生态功能的"黑土滩"面积达 7000 多万亩。值得庆幸的是，在玛多县境内一些"黑土滩"上已呈纵向排列，长出了两三厘米高的矮草。"这些都是人工补播的青海本地草种。"2013 年 4 月，通过 5524 万元的投资，玛多县对境内 55.24 万亩的"黑土滩"开始了这样的治理。

"黑土滩"治理属于国家项目。其实，自从 2005 年国务院正式启动三江源生态保护和建设的工程后，青海境内大规模的"黑土滩"治理活动也陆续进入高潮。按照当年的三江源自然保护区生态保护和建设总体规划，国家计划投入 75 亿元，利用 7 年时间，使三江源区域的退化、沙化草地得到治理和恢复。

除了"黑土滩"治理，75 亿元的投入对象还包括封山育林、草原防火、森林防火、鼠害防治、沙漠化治理等诸多项目。

眼下，三江源生态保护和建设工程，正进入最后的评估验收阶段。总体来看，目前三江源的生态环境恶化的趋势得到了有效的控制，生态环境局部有所改善，草原退化的趋势初步得到遏制。

而在青海省境内，对于这样的成效人们多抱有审慎的乐观。从草原上的牧民到省内的官员皆在反思：在过去这段时间里，到底哪些经验和做法是值得继续的？生态保护和民生保障是怎样的关系？三江源地区要发展什么经济？国家的生态补偿究竟解决什么问题？在国家连续投入 7 年之后，关于生态保护的这些疑惑，仍没有得到完全的解答。

牛羊是天生的牧场管理者

如今，进入黄河源区的高原牧场，铁丝网拉起的围栏随处可见，草原上还堆放着一些成捆的铁丝网，准备拉起新的围栏。

在玛多县，当地的牧民们告诉笔者，这些围栏要么用于退牧还草，要么用于保护湿地、封育草场，总之是国家为了恢复三江源的草原生态而进行的努力。

围栏计划的初衷是好的，但眼下期待中的草场恢复，却让牧民们陷入了这样的困惑。在曲麻莱县，牧民扎西多巴在围栏禁牧后，将放养的几千只羊减到了100多只，只在围栏外放牧。这么做，原本是为了保护草场，但是他发现铁丝网内围起来的草场里，草是越长越高，能长到20厘米左右，而且越长越密，但全都是黄草。而围栏之外，允许放牧的草场早已是绿油油一片。

站在围栏边缘，把铁丝网内近20厘米的黄草扒开，可以看见草的上半截是黄色，下半截是黑色，而最底部则露出稀疏的、发嫩的绿草。

"本来围起来在草库伦里保护草，结果怎么把草保护坏了？"扎西多巴无法理解，自己坚决执行国家的草原保护政策，究竟出了什么问题。

这个疑惑在中科院西北高原生物研究所研究员吴玉虎看来是有答案的。毕业于内蒙古农牧学院草原系，又曾在黄河源区做过5年草原站站长的他告诉笔者，虽然2012年的黄草长得高，但是2013年的草还没长。而且2013年的草也长不出来，因为长出来一点儿，就在2012年的草里捂着，一下雨，天一热就烂了。

"如果这种情况几十年、几百年演化下去，就不是一个正常的演化方向。因为牛羊没有吃，黄草还在，绿草根本长不出来。"吴玉虎解释说。牛羊是天生的牧场管理者。它们健康、生病的时候会啃食不同的草，这种选择性的啃食使得草场维持较高的生物多样性。

牛羊吃草对草有刺激作用，它们是协同进化的，不是牛羊一吃草草就死了，而是草受到被吃的刺激，也要想办法再长。牛羊对草场的适度踩踏控制着一些草原动物，如鼠兔、草原鼠的种群数量，使得草场不被破坏；它们的粪便持续地为草场提供着天然的养分。

"牲畜包括我们的马、牛、羊，对草场没有破坏。冬天没吃的了，牛羊把草根都刨出来吃了，第二年照样长出来，该咋长还咋长。"扎西多巴认为，这是一个天然的过程。

64 岁的青海省玉树州玉树县甘达村村委书记叶青有另一种担忧。他说，过去牧民住得很分散，但每家每户都会各自保护好自己的草场；实施了围栏计划，进行退牧还草和生态移民工程后，人们的搬迁对草场的恢复有一定的保护作用，与此同时，外来人对草地的挖掘、开采和破坏就没有人来治理，也给了偷猎野生动物的人以方便。

在三江源地区的高海拔草原上，这样的围栏不但限制了牛羊的活动范围，也制约了野生动物的活动，一旦遭遇猎食者追捕，于仓促逃生中难免不被网围栏挂住，增加了死亡概率。沿途，一些围栏处可见野生牦牛被撕烂的场景。一些围栏里的藏原羚为了到湖泊边去饮水，得设法穿越数道围栏。一些羚羊开始努力跳跃，尝试跨越高高的围栏，偶有跳越时被围栏挂住者，瞬间成为猎食者的美餐。

主因是过牧还是气候变化

在青海省境内，像吴玉虎一样质疑围栏禁牧做法的专家并不多。他表示，这是一项从国家到省内贯彻执行多年的生态保护政策，生态恢复效果是受到很高评价的，也为此投入巨大，但实施到今天，也要从青海的本地经验出发，有所反思。

"禁牧之后，特别牧民移出的一些草场，现在草场恢复得比较茂盛，但是如果长年不利用，各方面的养分跟不上，草场的质量就不高，其实是资源的浪费。如果区别开，在一些草场恢复已经很好的区域，可以适度地利用，进行放牧，也有利于草场的更新。"来自基层政府的执行者朵华本正以当地的经验，做着这样的反思。

围栏禁牧政策的前提是"过牧"。中国社会科学院农村发展研究所所长李周告诉笔者，目前牧区的主要问题仍是过度利用导致的草原生态逆向演替。在这一趋势尚未扭转的情形下，适当地采取休牧、轮牧、禁牧等措施是有必要的。牧区现在显然还不具备调整政策措施的条件。

然而，吴玉虎认为，三江源的草场退化，自然的因素起了决定性的作用，而不是近年来所说的"过度放牧"。"过度放牧在哪里有？牧民的定居点周围，这只是局部的。"

中科院兰州寒区旱区环境与工程研究所研究员沈永平也向笔者指出，主要是气候变化导致黄河源区的生态恶化。在该所2005年的一份调查报告中曾明确指出：气候变化是黄河源区生态恶性循环的根源所在，全球变暖造成温度升高，致使冰川和冻土消融、湖沼湿地消失乃至土地退化，从而引发多米诺骨牌效应。

朵华本则告诉笔者，在玛多县境内，过度放牧现象其实存在于20世纪70年代，当时延续着"农业学大寨"和"牧业学盐湖"这样的口号，实际的体现就是养很多牲畜，当时确实对草场有破坏。但20世纪90年代以后，牲畜在减少，草场还是不行，主要是雨水越来越少，干旱明显。

"1979年，玉树和果洛两个州牲畜的数量出现一个高峰，后来就出现猛降，特别是2000年以后，生态保护措施上来了，一直是处在减畜的过程中。"参与三江源保护的民间组织山水自然保护中心负责人吕植根据青海省社科院院长景晖的研究结果，比较了玉树和果洛两个州的数据，得出了结论。

减了这么多的牲畜，为什么主流的观点仍然说是因为过牧，草原需要围栏计划呢？吕植表示，根据草原的生态学家猜想，生态系统有一定的缓冲和恢复的能力。一旦越过了这个阈值，生态就是持续地在走下坡路。所以有一种可能，从总体上来看，尽管减畜了，牛羊比原来少了，但是牛羊的数量仍然超出了三江源生态系统能够承载的量。

"草地生态修复一定不能忽略牧民的需求。但是不能据此做出草地生态系统不能没有放牧的推论。放牧毕竟是牧民的需求而不是草地生态系统的需求。草地生态系统循环所需要的食草动物可以是家畜，也可以是野生动物。不放牧不利于草场生态修复的看法，有片面性。"

李周也承认，过度放牧和过度保护都会扰乱草原生态系统的生物链，都会造成它的生态功能退化。"如何运用适当的利用方式、利用强度使生态系统的功能变得越来越强，既是科学研究的重要任务，也是当下政策研究急迫、重要的任务。"

草原上的招鹰架

牧民、基层政府的执行者以及地方学者对围栏禁牧执行多年后的效果提出质疑的时候，他们更多是基于经验，这种经验是否可靠？能否依赖于此，适时做出政策调整？这些问题值得决策者深思。

这些保护的经验是从当地人的生活实践中逐渐总结出来的。尽管这些知识看起来可能有些混乱，甚至被视为落后，却在数千年中保护了当地的环境。吴玉虎表示，以"草库伦"为代表的围栏保护做法是从内蒙古照搬过来的，但是三江源地区和内蒙古的地形、气候有极大差异，需要区别对待。

"三江源的发展政策制定当中，需要发现千百年延续下来的放牧制度，即游牧文化的合理内核，顺应文化演进规律和社会发展的客观规律。实践证明，在民族地区采取一刀切的政策措施，往往会导致意想不到而又更为窘迫的政策效果。"国家民委监督检查司民族管理处处长胡敬萍在三江源生态保护与平衡发展论坛中指出。

胡敬萍认为，草场的形成、植物群落的分布，都和放牧的牛羊以及生活在那里的人有非常密切的关系，不是一个纯粹的自然生态系统。如果这个关系被打破，将来带来的还有整个社会组织结构与关系的失衡。现在看到有些地方已经把社会系统和生态系统剥离，以为这样就可以保护草原的生态，保护三江源的生态。

基于黄河源区当地经验的调整，其实正在发生。在三江源地区采访，一路走来，时常会看到草原上每隔几百米就竖起一根 3 米多高的电杆，顶端固定着一个小木箱，这其实是草原上刚刚兴起使用的招鹰架，目的是防治鼠害。

"玛多县鼠类危害面积占到全县可利用草场面积的 50% 以上，过去都是用药物、生物毒素饵料来灭鼠，最早用过硫化氢。但实际上，用剧毒化学药物杀灭鼠兔，结果却适得其反，鼠兔越来越多，而鼠兔的天敌老鹰、沙狐等却因为类似二次中毒，越来越少。"朵华本感叹，其实当地牧民都知道，鼠兔的繁殖速度惊人，而且是不可能灭绝的。

鼠兔是三江源地区高原生态食物链的一环，意识到这一点，"灭鼠计划"如今改为"鼠害防治"。招鹰架不失为回归自然的做法，其实就是给鹰提供一个人造平台，既扩大了鹰的视野和控制范围，也为鹰提供了产卵孵雏的巢穴。如今，在玛多县境内随处可见翱翔的雄鹰。防治区平均有效鼠洞数由实施前的每亩1500 个减少到了 60 个。

措池村的授权保护

三江源 2003 年建立国家级保护区，保护区面积是 15.23 万平方千米，它与其他自然保护区的不同在于，它被分为 6 大片，18 个保护分区，牵扯到 17 个县市、70 个乡镇，从社会、经济，包括自然环境来讲，都是最为复杂的保护区域。

对于三江源国家自然保护区管理局副局长张德海而言，最头疼的是"由谁来具体保护这 15.23 万平方千米的保护区"。作为林业系统的三江源国家级自然保护区管理局，成立8年来，人员编制基本维持在13个人。

保护区管理局下属的管理分局、保护管理站，保护管理站下面管的点等机构和人员现在还没有配备齐全。黄河源头所在曲麻莱县保护站，都是当地政府抽调的一些临时工作人员。

要在海拔4000多米的三江源去雇人做保护工作，因为诸多因素也难以实现。"首先外来人员对高海拔体质上不能适应，而且对高寒地区的环境也不了解，即使适应了以后，也没有办法长期在那里工作。"张德海说。

几重困境下，三江源保护区管理局决定做一个尝试，让三江源当地的牧民来充当具体的保护者。试点选在了可可西里以东、长江源头临近的青海省玉树州曲麻莱县措池村。这里是野牦牛成群、藏羚羊四处奔跑的保护区。早在2002年，措池村就自发成立了生态保护小组，其主要工作是记录当地见到的野生动物种类、数量，制止外来人员盗猎野生动物。

"过去村民对外地来采矿、打猎的人进行阻止，没有人听，现在有了巡护证，再有人跑来采矿，我们就会出示证件，已经制止了很多例。"青海省玉树州曲麻莱县措池村书记嘎玛告诉笔者，在保护当中权利是最重要的，没有权利的话是起不到作用的。

嘎玛所说的"权利"是三江源自然保护区管理局给措施村村民的一个授权。"保护区让当地牧民来管理当地的资源，等于是我们保护区的保护管理权限延伸到巡护队员的手里。"张德海解释。

自 2006 年起，政府与当地村民签订保护协议，明确各方的责权利和保护成效，实施协议保护，牧民从此获得了保护权利。村民基于传统文化的保护意愿，也得到了政府的认可。措池村从此开始实行社区自愿保护。

在措池村，每户不仅负责管理自己的草原，定期监测，冬天增加保护巡护，规定放牧要照顾野生动物的生存；还要负责清理公路沿线的垃圾，阻止打猎，并对不制止打猎的人进行处罚。如今，12 户牧民自愿退出草场用于保护野生动物，野牦牛栖息地扩大，从之前的曲麻莱地区扩大到了通天河南岸，野牦牛、藏羚羊、野羊数量特别多。

"希望未来在牧区的地方不断加强保护，权利对于我们保护草场是最好的武器，希望协会和政府部门给予我们更多的保护权利。"嘎玛在采访中表达了这样的希望。

在青海省委党校教授马洪波看来，仅靠政府单方面的力量来保护，显然不能对三江源广袤的保护区域实行有效保护。而且，三江源地区存在社区基础。牧民不但天然具有保护生态的意识，组织程度也比较高。

"保护的话，权利是核心，这个权利给谁？政府也可以拥有，其他组织也可以拥有，但是真正谁运用这个权利最有效？还是居住在这个地方、生活在这个地方的村民。"张德海透露，眼下措池村的授权保护做法还在继续探索，青海果洛县的两个乡也开始了尝试。

75 亿元够不够

在青海玉树州曲麻莱县麻多乡，清冽的一弯溪水从约谷宗列盆地淙淙流过，人们几乎无法相信，这涓涓细流就是整条黄河的源头所在。而三江源生态保护的效益，也是超越想象的。

从保护的面积来看，三江源自然保护区所辐射的影响区域，包括三大流域的面积：长江流域是 180 万平方千米，澜沧江流域是 16 万平方千米，黄河流域是 75 万平方千米。可以说，三江源辐射的三大流域有 270 万平方千米的国土，占整个国土面积的近 1/3。

而三江源作为世界第三极，也是自然环境变化最为剧烈的一极，其对气候和我国水资源的影响毋庸置疑。那么，三江源的生态保护到底放在什么样的位置，显而易见的就是投入的资金。

2005 年国务院正式启动三江源生态保护和建设的工程后，计划投入 75 亿元，这样的投入力度曾一度引起争议，有舆论认为 75 亿元多了，有舆论认为 75 亿元少了。

"与三江源生态保护的任务相比，其实这个数字是太少了。"九三学社中央主席韩启德在三江源生态保护与平衡发展论坛中指出，还是要更加突出三江源的重要性。2010 年，他曾致信中央，信里面明确写道：这 75 亿元是远远不够的，在"十二五"期间，不应该是 75 亿元这样的概念。

韩启德的观点在孙发平等人所著的《中国三江源区生态价值及补偿机制研究》中得到支持。根据孙发平等人的估算，三江源的生态服务价值已经占到全球生态服务价值的 5.12%。而据 Constanza 估算，全球生态系统服务经济价值为 160000 亿～540000 亿美元，平均每年的价值为 33.27 万亿美元。如此，75 亿元的投入远远不够。

针对三江源作为国家的主生态功能区，也有不少业内专家提议，应当在技术操作层面做出改变，以地方基层提供的生态服务价值为标准，来划拨中央的生态补偿基金，按照生态效益评价指标体系进行补偿。

在青海省境内，各层级的政府官员也认为生态补偿将成为三江源生态保护的核心问题。然而，生态补偿本身仍是复杂难解的。韩启德认为，现在中央政府的补偿问题，不能再以工程项目来补偿，而应该从长效财政的机制上整体的给予补偿。要分隔计算，最后在科学的基础上给予测算和整体的补偿，而不要再分隔成一个个项目进行补偿。"但是，如果以中央财政来看，到底应该怎么来计算？大概也是很困难的事情。另外，给了生态补偿以后，它的管理、监测和考核的机制至少现在来讲不够完善。"韩启德表示。

"这样，只能引起人们对生态补偿的重视，但导致无人买单。"中国工程院院士李文华提醒，生态效益评价指标逐步纳入补偿标准已是国际趋势，但国内在操作上仍有困境。在国内，地方市场上根本没有这笔账，也没有一个标准，如果像国际上一样把所有的生态效益指标算进来，出来以后往往是一个天文数字。

无论中央对于三江源地区的生态补偿将采取何种方式，三江源地区的保护工程仍在继续。采访最后，张德海向笔者透露，投入 75 亿元的三江源生态保护和建设工程第一期即将结束，第二期已进入实行阶段。只不过，中央对于第二期规划的批准还没下来，为了政策的延续性，2013 年是由青海省先行垫资执行。

（原载于《瞭望东方周刊》2013 年第 34 期，有改动）

【手记】

从 2008 年至 2013 年，中国的中央政府总共投入了 75 亿元用于三江源的生态保护。这也是中国政府投入资金量最大的生态保护项目。这一耗资巨大的保护工程对于三江源地区的生态产生怎样的影响？本篇报道对这些影响进行了深入的分析。笔者通过科学的考察方式，在海拔接近 5000 米的青藏高原腹地，也是三江源区所在的区域，考察了三江源的生态环境现状，特别是高原草场退化的情况。

通过深入的调查，笔者发现在三江源生态保护政策设计中，中央政府完全忽略了牧民的保护经验，因而导致三江源生态保护工程投入巨资后效果打折。在调查中，笔者发现除了围栏禁牧的做法，灭鼠的做法也取得相反效果。

笔者发现，不仅牧民意识到了这些错误的做法，在青海本地也得到少数专家和基层政府官员的认同。然而，多数地方官员并不敢公开地反思这些做法。因为围栏禁牧、以药灭鼠等做法是中央高层制定的生态保护政策，在地方实施多年并且投入巨大。

结合这些观察和反思的结论，笔者进一步与中央级的专家和官员交流，得到更加全面的见解和事实。通过翔实的细节和扎实的采访资料，本篇报道深刻地揭示了在生态保护政策制定的过程中，中央政府不能只考虑北京专家的意见，更需要从保护地当地的经验出发，对此进行深入研究，制定出更加符合实际的保护策略。

本篇报道首次对三江源生态保护政策提出了警示，指出需要调整政策制定的思路。报道发表后，在全国范围内引发更多的反思，北京层面的官员和专家纷纷加入反思的行列，引发话题大讨论。报道发表 3 个月后，国务院常务会议通过《青海三江源生态保护和建设二期工程规划》公报，表示将进一步完善三江源生态保护政策。参与三江源保护政策制定的中国工程院院士沈国舫致电笔者表示，本篇报道促进了三江源生态保护政策的完善，确保即将投入的三江源生态保护工程第二轮资金更加有效。

地面沉降，苏锡常危机中突围

"2050 年长三角或消失"，这条由《新京报》发出的消息，自 2012 年 3 月以来在各大论坛广为流传。该消息称，据南京地质矿产研究所所长郭坤调查，按照现在地面沉降的速度，到 2050 年长三角可能桑田变沧海。

笔者致电郭坤，他否认曾发表此言论，但表示地面沉降问题的解决确实已迫在眉睫。

"桑田变沧海"的事件虽系误传，危机的警钟已然敲响。2012 年春节过后不久，上海陆家嘴环路附近的环球金融中心即现地面沉降现象。而 2012 年春，国务院更是审批通过了第一部《全国地面沉降防治规划》，指出全国发生地面沉降灾害最严重的是长三角、华北平原和汾渭盆地。2012 年起，中国将对这些地区进行最大限度的治理。

事实上，在全国布控之前，长三角地区已发起了多年的危机突围之战。凭借单打独斗的治理措施，地方政府在遏制地面沉降方面取得一些成效，但是也充满了各种困惑和纠结。

经济损失，还将如滚雪球般增大

无锡是苏锡常地区地面沉降最严重的区域。尽管如此，"地面沉降"对于大多数无锡居民而言，仍是陌生的字眼。他们略有耳闻的事情是，20 世纪 90 年代，锡西有几个村庄有过地面下陷的情况。

依据江苏省地质调查研究院副院长于军提供的材料，可以确认这几个村庄主要分布在无锡的石塘湾、洛社、前州一带。其中石塘湾西蔡则是最早发现地裂缝的村庄。

2012 年 3 月下旬，石塘湾西蔡已是草长莺飞、杨柳依依，整个田野浸在湿润的空气中，满是绿油油的蔬菜，一派鱼米之乡的早春气息。在田间，就地裂缝事件，笔者问及数十位西蔡村民，均表示不知情，只有一位姓吴的村民透露，西蔡有 3 个村小队已经拆迁搬离，或许和地裂缝有关。按照他的指引，笔者找到村小队搬离的位置，只见这里被开发成了无锡市蔬菜基地，地裂缝早已不见踪迹。

西蔡至秦巷一线居住的周姓村民道出实情。拆迁的 3 个村小队中，东北方向的两个小队，2000 年之前就有明显的地皮下沉现象。"一开始感受不到，光看看不出来，后来因为地皮下沉不均匀，房子开裂了，裂缝至少有 5 厘米，有的房子轰隆一声一边就塌了，只能搬家。"周姓村民心有余悸地说，他其实也希望能拆迁搬走。

房屋开裂几乎是老百姓对地面沉降最直观的感受。而地面沉降带来的防汛压力，则是地方基层政府最为头疼的。随着房子、地基一天天地下沉，河道里的水线逐渐爬向村民的脚下，圩区面积不断扩大，农田水渍化加重；在沉降严重的地区，村庄水闸大坝外的河流成了"悬河"。

无锡洛社镇 1991 年只有 7 个村是圩区，由于地面下沉，2004 年每个村都成了圩区，只得村村设立排涝站。石塘湾镇沿圩区的闸门 1990 年以前，全年关闸只有几十天，但 2004 年全年关闸，汛期也挡不住。

许多乡镇只有被迫每年加高堤防 10 厘米以上。1991 年后无锡每年投资 600 万元用以加高堤防。8 年后，投资并未见效，1999 年无锡梅雨量、雨期都比 1991 年小，但圩区内外水位差比 1991 年高出许多，结果弄得险象环生，城内四处告急。

从这时起，疲于应对地面沉降灾害的无锡市政府开始反思过去的做法，同样的反思也出现在上海、苏州等长三角沉降严重地区。地面沉降带来的灾害程度和造成的损失，被正式摆在了政府的桌面上。

根据水文地质学家、中国科学院院士薛禹群向笔者提供的资料，苏锡常地区自 20 世纪 80 年代中期至 2000 年，因地面沉降造成的经济损失累计约 360 亿元。上海则提供了更为详尽的报告。2002 年 8 月，上海市地质调查研究院首次完成了《上海市地面沉降灾害经济损失评估》。这份 100 多页的报告揭示了自 1921 年发生地面沉降以来，截至 2000 年，上海因地面沉降造成的经济损失总计高达 2943.07 亿元，平均年损失为 36.8 亿元。

其中，由于加剧了市区的潮灾、涝灾，从 1980 年到 1998 年上海每年仅是支付保险赔偿就在 330 万元以上，最多高达 2 亿元。最后通过模型估计指出，随着地面沉降的继续，2001—2020 年间上海市地面沉降灾害风险的经济损失至少将达到 245.7 亿元。

因地面沉降具有累积性、不可逆性，经济损失还将如滚雪球般增大。面对不可估量的经济损失，长三角地区的地方政府逐渐意识到，不能只是以传统办法被动地应付，必须找出应对地面沉降危机的有效方式。

艰难的"禁采令"

"地面沉降有着相当复杂的形成机理，若要找出应对危机的方法，就要弄清发生沉降最关键的原因。"薛禹群指出，从地质构造来讲，中国有的区域地面本身就会发生自然的下沉，但幅度有限，一年也就下沉一两毫米，典型的代表就是华北平原。这属于构造沉降。

大尺度的地面沉降往往由地下水超采引发，苏锡常地区就是一个典型。20世纪80年代初期，地面沉降大于200毫米仅限于苏锡常中心城市区，20世纪90年代初，大于200毫米的等值线已将中心城市包围。

而苏锡常地下水开采史与地面沉降发生时间惊人地吻合。20世纪80年代初，地下水开采主要集中在苏锡常中心城市。20世纪80年代后期苏南地区涌现大批乡镇企业，工业需水量极大，而当时自来水、地表河水都供应不上。

"20世纪80年代无锡政府没什么钱，自来水管网只有中心城区接通，乡镇几乎没有自来水，地表水因为污染后治理跟不上难以使用，乡镇企业生产中唯一的途径就是使用地下水。特别是纺织、印染等行业，常集中开采深层地下水。"无锡市水利局水政水资源处副处长张文斌清晰地记得。

随着外围乡镇地下水开采量增加，区域水位降落漏斗开始形成。进入 20 世纪 90 年代，苏锡常地下水更是被猛烈开采，地下水漏斗区域形成。虽然苏锡常地区地下水自古以来水量丰富，但是自 20 世纪 80 年代以来的实际开采量远超过正常的容量。地面沉降发生与地下水开采在时空开采上的密切关系，最终得到政府关注并成为治理的依据。

2000 年，江苏颁布了《关于在苏锡常地区限期禁止开采地下水的决定》，在全国率先通过立法，从超采区开始实施地下水禁采，2005 年全面禁采。"禁采地下水"一时间被喻为长三角地区甚至全国在应对地面沉降中最狠的绝招。毕竟，在苏锡常地区，地下水的使用有相当悠久的历史。

笔者在无锡市石塘湾地区调研时发现，虽然很多村庄已经通了自来水，但是不少家庭的厨房里或院子里仍然保留着深度约 5 米的小水井。杨西园村黄姓村民表示，村民几乎家家都用井水洗衣、涮锅，自来水只是在人喝的时候用。

"老百姓用地下水的习惯的确很难改变，但这些小水井都是浅层地下水，并没有列入禁采范围，开采深层地下水是禁止的。"张文斌解释说，禁采这些年来主要针对的还是企业用水。

即使是企业，也不是那么容易改变习惯的。在"禁采令"颁布之前，1996 年开始，无锡已经开始按照江苏省的要求，实施地下水的限采，通过计划开采、总量控制将地下水的开采总量逐年压缩，主要针对的是工业企业。然而，限采效果并不理想。

到 2000 年，在长三角经济活跃的苏锡常地区大于 200 毫米的沉降区已经达到 5700 多平方千米。限采力度明显不够，原江苏省水利厅副厅长徐俊仁当时正主抓地下水的管理，于是提出苏锡常"禁采计划"。想法刚抛出，徐俊仁便遭遇政府内许多同仁的质疑，认为这个计划等于让企业无水可用，除非企业停了。

徐俊仁也清楚禁采与乡镇企业发展的矛盾，但是他更认定：没有比禁采更有效的措施。需要改变的是，限采用的是行政手段，不容易压得住，而禁采要有更具保障力的法制手段来实施。2000 年 8 月，在黄孟复等 72 名省人大代表的呼吁下，"禁采令"很快通过，成为人大的一项"决定"。

禁采针对的是深层地下水，这些深井在苏锡常地区面广量大，按照"决定"，要在 5 年内实现全面禁采，须从 2000 年开始，每年平均封上千口井。执行禁采的地方水利部门为此叫苦连连。

"每年省政府下封井的数量和名单，禁令下到每口井、每个单位，除了检查外还有举报制度。但许多企业相当抵触。"张文斌说，禁令初期，地方水利部门压力大得无法形容。

不仅是企业抵触，一些县级政府部门也相当不理解，为了确保县里纳税大户的工业用水，禁采初期，假停井、假封井时有发生。企业抵触的理由是，封井后需改用替代水源，其中有一部分企业要求上一套处理设施，把河水净化处理后使用，企业担心这样的水质达不到生产要求。禁令执行中，地方政府其实也理解企业的难处，决心在乡镇大力铺设自来水管网，争取"水到才能井封"。

令人意外的是，一些乡镇企业通了自来水后，仍然不愿意封井。通过调查，江苏省水利厅发现企业的理由是"自来水通了以后，用不起"。而事实是，地下水用起来更便宜。

在禁采初期，苏锡常地区地下水的水资源费只有 0.2 元/立方米，自来水的水价已达到 1.3 元/立方米，整整高出地下水 5 倍多。为了让企业心甘情愿地改用自来水，江苏省物价局与财政厅很快在禁采初期颁布了一个规定：凡是禁采区范围内开采地下水，地下水的水资源费和自来水水价等同。

"在禁采中期甚至把地下水的水资源费调成 1.8 元/立方米，超过当时的自来水费用。果然，企业最终纷纷改用自来水。"徐俊仁表示，通过价格杠杆调节企业的用水行为还是起到了效果，使用起来也更容易。

"禁采令"实施后，地面沉降趋势明显减缓，从于军提供的监测资料来看，2004 年效果已开始显现，当时苏锡常累计沉降量大于 200 毫米的沉降区面积约 6000 平方千米，与 2003 年相比沉降范围基本未再发展。苏州市区、无锡市区、常州市区年沉降量分别比 2003 年速率降低 12%、23%、33%。

如今，除了保持医药等特殊行业对地下水的使用，苏锡常深层地下水开采量降到近乎为零，地下水水位全面回升。

寻找替代水源的成本

尽管"禁采令"效果明显，江苏应对地面沉降的这一绝招，并非其他地区都适用。在"禁采令"的制定者徐俊仁看来，其最重要的条件是：必须在禁的同时，保证有地表水的替代。

山东、河北省也曾有县市考察江苏的"禁采令"，希望在其超采区采取同样的狠招，但最终因地表水缺乏而放弃。甚至在江苏境内的苏北地区，尽管徐州等地也开始出现地面沉降现象，但并未实施禁采，一半以上用水量仍然来源于地下水，原因是地表水水质较差，替代不了。

苏锡常实施"禁采令"能被接受的最终原因也是找到了替代水源。"当时通过水利、国土多个部门的分析，发现其实企业地下水的用水总量占的比例并非大到不可估量，可以用地表的太湖水替代。而且，当时也算是一个擦边的机遇，1999年太湖水质已经开始变化，但污染并不算严重，要是赶上蓝藻发生的时候，就费劲了。"徐俊仁感叹。

对于执行"禁采令"的地方政府而言，尽管苏锡常地表水丰富，但是寻找替代水源也并非易事，而是一个系统工程。无锡采取的是"水到才能井封"，这意味着必须在限制时间内，把自来水通到需要封井企业的大门口。"通水包括建设自来水管网、水厂等诸项设施。为了要在短时间内完成，无锡从规划到基本建设都超出正常的速度。"张文斌说。

完成一切的关键在于，短时间内解决资金问题。2001年到2003年，为了确保水源替代，无锡共铺设自来水供水管网7500多千米，3年之内为此投入40多亿元资金。张文斌指出，这在当时都是由无锡市、县两级财政支付，对于地级市而言也算是一笔不小的投入，集中资金的时候有些难度。尽管如此，因为替代的自来水供应量不够，无锡又兴建了两座水厂。

尽管无锡在"禁采令"初期如期完成了投入，替代水源的供应并没有那么稳定。2007年，太湖蓝藻事件发生，原本用于替代的太湖水无法再确保供应。为了应对危机，只得寻找更稳定的、新的替代水源。无锡选择了从长江引水。

2008年年底，无锡长江引水工程全面竣工，开始向无锡市区供水，其总投资30多亿元。引水工程建设线路长，运营和建设成本大。徐俊仁认为，引水花了不少钱，引水工程能够完成，关键还在于苏锡常地区经济发达，资金充足。

"全面禁采的措施不要轻易提，提的话，一定是在沉降非常严重的情况下，而且禁令一旦颁布，就一定要做到，否则后果更加不可控。"徐俊仁坦言。

开禁争议背后

在薛禹群看来，苏锡常应对地面沉降的投入，自2000年起才算起步，如今正是偿还历史欠账的时候。而上海虽然未采取全面"禁采令"，但投入的成本也相当可观。值得一提的是，自1965年冬天始，上海市区就开始进行人工回灌。

因为深层地下水对水质要求严格，且回灌的水一旦污染深层地下水就无可挽救，最终只能采取自来水回灌。截至2000年，上海已经累计回灌6亿立方米，平均每年回灌2000立方米，若按2000年自来水每吨1元的价格，其费用为6亿元。

上海市规划和国土资源局副局长陈华文2012年2月在接受采访时称，"十一五"期间，回灌方面的投入一年接近1亿元。而短短5年时间，上海用以防止地面沉降的投资总额至少为210

亿元。

如此高昂的投入，令经济发达的苏锡常也望尘莫及。一位不愿透露姓名的江苏水利厅官员表示，用自来水进行人工回灌，目前只有上海才能做得起。

学术圈内诸多研究者认为，通过禁采让地下水以自然修复的方式保持水位回升，才是放缓地面沉降速度的长期有效方式。于军表示，禁采以来的监测数据显示，禁采到 2005 年时，苏锡常地区地下水位已全面回升，地下水漏斗区面积也从 2000 年的 5356 平方千米减少到 2860 平方千米。

然而，眼下颁布近 10 年的"禁采令"，面临着是否开禁的争议。"'禁采令'的出台是及时也是必需的，但是地下水是一种资源，水位上升太快也不合适，应该是科学合理开采，否则就浪费了资源。"江苏省水利厅水资源处处长季红飞指出。

一些专家最近常与徐俊仁争议，觉得"禁采令"执行到目前为止已经达到目的，应逐步开禁，但是徐俊仁坚持不开禁。"哪怕今后开禁，也是特殊行业的局部开禁，针对极少特殊需要优质水的高新企业。地下水水位恢复到正常水平，还要相当长的时间，苏锡常的沉降速率是变小了，原来一年沉降 20 毫米，现在每年是 1 至 2 毫米。但仍在沉降。"

"江苏地下水的资源量是 100 多亿立方米，容许开采量现在规定的是 10 亿立方米方。一旦遇到突发性水污染事故，就可以直接饮用地下水。"在徐俊仁看来，地下水的定位应为战略贮备水源，而眼下地下水正作为江苏的应急备用水源，进行着科学规划。

在季红飞看来，地下水能否开禁，开禁到什么程度，最终还是取决于地下水资源管理的统一规划，就算开禁，也会严格控制开采量，保持适度开采。

长三角的治理还需考虑一个特殊之处，就是大规模的城市建设。高层设施越来越多，城市地铁、不渗水马路、下水道、城市低裸露和低植被土地等，无疑都不利于城市地层水循环，导致城市地层弹性下降，地面沉降更加频发。在薛禹群看来，密集的高铁线路在长三角陆续开通后，也对地面沉降幅度的微小变化提出了更高的监测要求。

"禁采令"在实施多年后，人们也意识到，这也并不是终极手段，防治地面沉降，有待更为长效的科学规划。于军指出，如今的地面沉降治理，将更大程度地纳入城市规划的范畴。

如今，苏锡常地区在进行城市规划时，都会参考地面沉降监测的结果分析。在无锡最近的一次新区规划中，因考虑到地面沉降因素，最终调整了选址方案。

（原载于《瞭望东方周刊》2012年第16期，有改动）

生态补偿博弈困局

呼吁多年的生态补偿政策，在国家发改委牵头下，于2010年4月26日正式启动立法计划。此消息一出，引起全国上下强烈关注。而几日之后，又有媒体爆出，因牵涉面广、矛盾复杂，此次生态补偿的立法调研将被推迟。

笔者就此事致电国家环保部，环保部环境与经济政策研究中心副主任原庆丹透露，从2010年6月底开始，环保部已经针对《生态补偿条例》，在地方展开一系列密集调研。此前调研并非被拖延，而是因没有对生态补偿形成大体一致的看法，贸然下去调研，无法深入，也不合适。

条例起草专家咨询委员会副主任、中国工程院院士李文华介绍，眼下国家发改委已牵头成立了一个调研组，由各个部委的官员和专家组成。其中，包括综合性的小组以及按照林业、矿业等领域分类的多个小组。

这份重视的背后，也凸显了一份紧迫。"'十一五'规划明确要启动生态补偿。结果国务院定的事情，下面热闹半天，上面没动静，2010年是'十一五'最后一年，再不启动，就成了一纸空谈。"王金南说。

如此看来，此番备受重视的《生态补偿条例》是"箭在弦上，不得不发"。但是，生态补偿能否在复杂的利益纠葛中实现真正的突破，则需要诸多方面的权衡和考量。

吸收地方"土政策"

国家层面的生态补偿政策多年来一直处于胶着状态，只是地方上的生态补偿实践从未停歇。自 20 世纪 90 年代开始，各省市在矿产、流域等领域就有各种类型的自主探索。

一些西部资源大省还摸索出了独特的经验。笔者在探访鄂尔多斯时，就遇到了这种自发探索的典型。

伊旗是鄂尔多斯市的煤炭主产区。2006 年年底，这个年产煤量在 1.2 亿吨的旗县，为了恢复因采矿而造成的生态破坏，针对 12 座国有大中型煤矿收取了一种特殊的费用：生态补偿资金。具体做法是，每产一吨煤炭地方收取 1.8 元，最后将收取的全部资金用于煤矿所在地采空区的治理，包括水位下降、植被恢复的补偿。

政策实施至今，伊旗的生态治理已取得明显效果。然而，该政策的推进者、伊旗矿区生态环境恢复补偿领导小组办公室负责人高凌云却惴惴不安，认为政策可能随时夭折。伊旗县委的一位官员透露，煤矿企业对收取生态补偿资金仍有很大的抵触情绪，认为这只是一项"土政策"，缺乏明显的依据。同时，该政策的益处虽被肯定，但并未得到推广。"希望在国家生态补偿框架下，这一政策可以得到强力执行。至少自治区一级应该出台规范性的文件。"

"伊旗的这种探索，可以说是合理不合法。上面不出台指导政策，下面摸索再久，最后还是不知道怎么办。"王金南指出，随着实践的深入，地方经验渴望"升级"的呼声越来越强烈。在这一点上，同为资源大省的山西似乎是幸运的。

2007 年，山西的大同、阳泉开始征收矿山环境治理恢复保证金，其做法与内蒙古伊旗有着类似作用。不同的是，山西两市的做法很快在全省境内得到推广。快速推广的理由是，2005 年起，国家环保总局等部门配合国家发改委研究制定了山西省煤炭资源开发生态环境恢复补偿机制试点政策，经国务院批准后，2007 年山西省正式启动试点。"国家允许，发改委牵头，财政部也支持搞这个事情。山西的动作自然就大了，这让没有被惠及的陕西、内蒙古很是羡慕。"王金南说。

然而，这个升级版的地方政策也有自己的麻烦。山西环保厅自然生态处的一位工作人员告诉笔者，该政策推行以来并没有实现全省覆盖，推进的速度还是比较慢，眼下更是进入到一个敏感时期。

所谓敏感时期，就是国家对该政策给出的 3 年有效期，已经到了。如果不能把整个政策及时接续上，山西就面临着政策被停的风险。山西环保厅自然生态处处长透露，目前山西省发改委正在给国务院写一个报告，争取延期。

"地方经验升级后，虽然能够更有力地执行，但是升级后的地方政策怎么持续，成为一个更加困扰的问题。"王金南指出，因为牵扯到经济利益的持续调节，政策如果接续得不好，地方就会出现混乱。

面对这些活跃的、章法略显混乱的地方实践，这一次的

《生态补偿条例》需要给出的不是模糊的指导，而是更加具体的方法。同时，地方的生态补偿经验也将通过自下而上的方式，被吸收到这次国家生态补偿政策的制定中。

但是，这种吸收是有所区分的。李文华特别指出，《生态补偿条例》的制定，要避免地方实践中出现的一些混淆状况。比如在煤矿开采过程中，对生态系统造成的破坏进行恢复，所用的资金算是地地道道的生态补偿。而对于开采引发的搬迁问题，只能由生态补偿来支付一部分。

"移民和扶贫的问题，应该通过另外一个财政办法从资源税里来解决。现在却都归到生态补偿里了。"李文华说。王金南则表示，避免混淆，先要明确一种倾向。生态补偿解决的问题是有限的，不能完全指望生态补偿解决发展中的各种问题。

不要强化"东部补偿西部"

由于此次条例起草工作由国家发改委西部司来牵头，有关"东部补偿西部"的讨论再次成为焦点，不少评论甚至指出，西部地区将会是生态补偿政策的最大受益方。

业内专家普遍认为，"东部补偿西部"的说法更大程度上是媒体的臆造。"概念上是这么说，但在中国现有框架下，要想依靠各省的地方官，去解决跨省补偿问题，只会弄乱。不要强化东部补偿西部。"王金南说。

李文华表示，在目前的生态补偿实践中，地区间的补偿是较弱的一项，其中最难解的就是东西部之间跨省的流域补偿。

在补偿问题上，地处于东江流域上下游的江西和广东，算是一对冤家。据估算，每年从江西进到广东境内的水量占广东水量的10%左右。李文华介绍说，这些水有不少输送到了香港，过去叫"政治水"，后来经过协商，香港决定为送来的清水交一些钱。

香港的这笔清水补偿费，几乎没怎么费劲就掏了出来，一年为10亿元左右，且每年都会给，但这一举动却引发了广东和江西的一番博弈。起因是，香港把钱交给了广东河源市。"在香港看来，水是流经广东河源，最后到达香港，广东就是饮用水的源头。江西方面就觉得委屈了，是我给的清水，我不叫河源，但却是真正的河源。而且广东比我富，穷的地方不给，却给有钱的地方。"

广东和江西为这笔清水费到底给谁开始较真。在较真的过程中，李文华还曾见证江西的政府代表专门为此事奔赴香港。"去了一个小组，介绍东江流域的情况，中心问题是要明确江西所做的贡献。宣传一下，香港这个水是江西送来的。"

也许是江西的奔走相告起到了作用，2005年1月，江西与相关利益方签署了流域生态利益共享的协议《东江源区生态环境补偿机制实施方案》。按照规定，从2005年至2025年，广东省每年安排1.5亿元资金，补偿东江源地区为保护水源所做的牺牲。但是在2009年江西省发改委的一份材料中显示"此项协议尚未有效落实，需要国家加大协调力度，促成此事"。

纵观全国，到目前为止，凡是跨省的流域补偿，没有一个成功的案例。反观一下，省内的流域生态补偿，做得却是红红火火。在 2003 年，福建率先启动了流域上下游生态补偿工作，到 2009 年闽江、九龙江、敖江 3 个流域都实施了生态补偿。2006 年，浙江等省开始陆续跟进。

在李文华看来，一省境内能够顺利进行跨市的生态补偿，主要依靠省政府的强力主导，自上而下地推动。省长一着急，省内一下就协调好了。但一牵扯到两省之间，官司就不好打，主要是没有上面的依据，上下游责任说不清。

"在跨省的生态补偿关系上，已经出现这样的局面，两个兄弟之间铁定解决不了，这时候，中央必须出面做'娘舅'，来协调一下。"王金南说。

中央的生态补偿，可能变形为简单的"补财力缺口"

就在东西部地区为跨省补偿争议不休时，一些东部发达地区表达出这样的观点：我也明白要补偿，但我每年给中央上缴那么多税收，里面应该包含了生态补偿金，最好由中央给解决了，由中央来反哺西部地区。

如此，东西部的争议，演化为中央与地方的利益关系协调。而这也成了本次条例制定中的另一大焦点。"起草会议上，我们就讨论过，这个条例是解决一般性的生态补偿关系，还是解决中央和地方的关系。按说国务院出的是一般性的，但是地方更关心的是能否从中央的'大盘子'里解决。"王金南说。

在跨省的流域补偿问题上，有的东部发达省区还提出了这样的建议：下游出 10 亿元，上游出 2 亿元，中央出 8 亿元，钱都搁在一起，由中央统筹来补偿上游地区。也就是说，从国家层面成立一个专项的生态补偿基金。

这种做法在政策制定中被认为具有可行性。流域比较长的，诸如长江等大江大河，流经省份很多，如果让下游直接向上游补偿，涉及的利益主体较多，关系太过复杂。如果建立了国家专项基金，可以统一来化解这些复杂的关系。

更重要的是，建立国家生态补偿基金，可以实现一种成效机制。实际上，中央已经在做这方面的尝试。财政部财科所综合政策研究室研究员孔志峰指出，从 2008 年开始，针对三江源、南水北调中线区以及公益林，国家已持续投入了一部分资金，虽然财政概念上不叫生态补偿款，但体现的是生态补偿意义，跟生态补偿有关的要素都在里面。

"2008 年总的资金量达到 60 多亿元，相当于有一个基数，每年都有这个钱，现在已经形成一个稳定的政策。支持力度只会增加。"孔志峰说。

虽然在补偿政策的稳定性上，中央的这次尝试受到各方肯定，但是其补偿的方式依然存在着不少争议。"国家的这种生态补偿，是由中央直接进行一般性转移支付。这通常是看一个地方人均的财政收入与全国平均水平相比差距多少，把这块补齐了就行。"王金南说。

自 2008 年开始，针对南水北调中线水源区的河南、湖北、陕西 3 省，中央下去了十几个亿。就是把 40 多个县搁在这，根据财力水平，把钱分下去。这个钱通常是年底或次年年初到达地方，王金南在调研中发现，不少地方基层根本不知道这是什么钱。对于西部一个县来说，一下来了几千万，也是不少的数目，有的直接当公款消费了。

现在的争议在于，中央的生态补偿可能变形为简单的"补财力缺口"。最大的受益者成了地方政府，补偿并没有真正落实到受损坏的环境和老百姓身上。

为此，有不少业内专家提议，应当在技术操作层面做出改变，以地方基层提供的生态服务价值为标准，来划拨中央的生态补偿基金。例如，江西在上游通过植树造林保护了一种生态系统，这种环境效益最终在下游的其他地方体现出来。这就要通过经济杠杆来进行平衡，针对江西生态系统产生的服务功能，按照生态效益评价指标体系，对江西进行补偿。

生态效益评价指标逐步纳入补偿标准已是国际趋势，但李文华提醒，在操作上仍有困境。在国内，地方市场上根本没有这笔账，也没有一个标准，如果像国际上一样把所有的生态效益指标算进来，出来以后往往是一个天文数字。

三江源生态效益价值的评估就是一例。在《中国三江源区生态价值及补偿机制研究》中，根据孙发平等人的估算，三江源的生态服务价值已经占到全球生态服务价值的 5.12%。而据 Constanza 估算，全球生态系统服务经济价值为 16 万亿～54 万亿美元。平均每年的价值为 33.27 万亿美元。"这样，只能引起人们对生态补偿的重视，但却导致无人买单。现在要做的不是一步跨越，而是把经济核算中已经有的生态效益指标先算上。"李文华说。

环保部环境与经济政策研究中心一位研究人员透露，虽然这个事情定下来要做，但是条例何时能出来，还是个问号。"一个条例或许不能解决所有问题，但甭管粗细，就给一个方向性的指导，先解决几个问题也行。"王金南说。

（原载于《瞭望东方周刊》2010 年第 27 期，有改动）

【手记】

2010 年也被称作"生态补偿年"，呼吁多年的生态补偿终于正式纳入立法日常。笔者出于对生态补偿政策现状的把握和新闻嗅觉，抓住了生态补偿政策中多方利益博弈这一重要命题，对这一政策正在面临以及即将面临的问题做出分析、展望。

文章中，笔者采访了众多信息源，对政策问题进行通俗详尽的解释，中央和地方的博弈关系、东部与西部在流域上的博弈关系均通过具体的个案剖析得以深入展现。能将一篇政策性报道写得生动，也是出于笔者长期以来对生态补偿领域的关注。长期以来积累的丰富资料，让笔者在完成报道时能够充分地形成有深度的关注点，比如中央的生态补偿，可能变形为简单的"补财力缺口"。

月牙泉以人工补给的方式维持沙漠之泉的景观/连枫摄于甘肃敦煌

第四章 水危机

虽然我们从小被教育"节约每一滴水",但在实际生活中又通常认为水是"取之不尽、用之不竭"的。直到水供应紧张的局面出现,对策不是"节水",而是"调水"。借力新水源的补充,真能缓解水资源的紧张吗?

敦煌水危机求解

入夜，整洁的街道上，流星般闪耀的灯饰，漂亮的公交站亭，与西湖夜景相媲美的党河风情线……如今的敦煌，已然变为精致的旅游城市。作为旅行者心中的圣地，日日爆满的航线载着络绎不绝的访客来到敦煌。

敦煌这个丝绸之路上的驿站在重新焕发光彩的同时，也陷入了深深的危机，这里生活的人们为水而发愁：地下水位的全面下降，河流断流，湿地消失。正如丝绸之路沿线不少城市一样，敦煌是典型的缺水城市，只是它的危机更突出，引起了中央的重视。

为了不让其成为第二个罗布泊和楼兰，2011 年 8 月 6 日，水利部部长陈雷深入敦煌，对全面实施《敦煌水资源合理利用与生态保护综合规划》做出安排部署。2011 年 11 月上旬，甘肃省政府举行这一规划的启动仪式。据悉，这一规划以中央投入为主，总投资 47.22 亿元，敦煌呼吁近 60 年的调水工程也涉及其中。

对于这样的大手笔投入，敦煌市水务局局长邓巍告诉笔者，首要的是节水，节水做好后才考虑其他。"国家到 2015 年的水资源利用率要达到 53%，按照这次规划的要求，2020 年敦煌地区水资源利用率要达到 65%，要求就更高了。"

节水为何要先于调水？笔者在深入敦煌调研的过程中发现，为了推广节水，敦煌从政府到百姓已经焦虑多年，想尽各种办法。这么做的动力并非来自高层的关注和政策，更多源于现实的水枯竭压力。

人工渗水拯救月牙泉

在河流日益干涸的敦煌，月牙泉的存在是世人眼中的奇观。月牙泉位于鸣沙山一带，东西绵延 40 千米的鸣沙山由流沙堆积而成，飞沙掩埋了多少历史遗迹，却从未侵袭月牙泉。

来到高耸的鸣沙山下，只见一泓形如新月的清泉，娴静地躺在沙山的怀抱中，任凭山上黄沙飞舞，只是澄清如镜。鸣沙山风景管理处负责人告诉笔者，月牙泉在沙漠中历经万年沧桑，未曾干涸，甚至有"百年遇烈风不为沙掩盖"的说法。

如此"沙水共生"的奇景，令敦煌人感到骄傲，然而，这份骄傲却隐藏着深深的担忧。事实上，月牙泉的景致已发生了很大的变化。月牙泉景区负责人表示，现在月牙泉的平均水深是 1.5 米；而在 20 世纪 60 年代，月牙泉最深处达到 11 米。伴随水位不断下降的，还有月牙泉整个水域面积。风景区解说员俞海润告诉笔者，20 世纪 90 年代初，月牙泉水域面积有 22 亩，此后大幅萎缩，如今几乎缩减为一半。

"农业学大寨"被看作是月牙泉萎缩的起点。1964 年，"向沙漠要良田"的运动给敦煌带来了巨大的变化。敦煌的口号是"远学大寨，近学鸣山村"。鸣山村是月牙泉边的一个村落，在其带动下，敦煌各村把带沙丘的地方整平，开垦成田。1975 年，为了灌溉新开垦的农田，月牙泉安装了 3 台水泵，开始大规模抽水试验。

抽水几个月后，南岸崩塌，坍塌的土堵塞了泉眼，月牙泉水位在新中国成立后第一次大幅下降，当时选择了人工注水的方式，但水位未能恢复如前。

整个 20 世纪 90 年代，月牙泉的水位更是逐年锐减，与此同时，月牙泉周边环境发生很大变化。站在月牙泉边，俞海润指着北面的沙山说，20 世纪 90 年代以前，翻过这座山，山下是成片的树林，都是农民种来供自家食用的果树。

20 世纪 90 年代开始，敦煌的外来移民、流动人口增加了很多。俞海润家住敦煌七里镇的一个生产队，20 世纪 90 年代初大概有 20 户，没过三四年就增加到 60 户。为了开垦更多的土地，沙山下的树木被大量砍伐，林地变成了农田。因为当时敦煌的旅游业还不发达，敦煌市对农业的种植看得很重。为了养活棉花、小麦这些农作物，农用机井开始遍布月牙泉周边地区，地下水被大量开采。

1999 年开春，月牙泉水面中间被沙子给断开，平均水深低至 0.4 米。"当时泉底已经露出来，觉得可能就要枯竭了。"景区负责人感叹。为了拯救月牙泉，敦煌市政府采用了泉底垒坝等多种办法，但水位仍持续下降。最后通过甘肃省地质环境监测院研究，才弄清月牙泉水位下降与周边地下水水位下降关系密切。原来，月牙泉的水与整个敦煌盆地的地下水是一个系统，地下水通过渗透形成并维持了月牙泉。

"要让敦煌盆地地下水下降的趋势得到遏制，才能把月牙泉保住。"甘肃省地质环境监测院高级工程师杨俊仓一语道出拯救月牙泉的根本。然而，伴随整个敦煌市的人口和种植面积急剧扩张，特别是大水漫灌式的农业生产模式，地下水还是不可避免地被大量开采。

依靠天然的地下水补给，已经远远无法维持月牙泉。俞海润告诉笔者，为了保住月牙泉，目前在月牙泉的周边有标注为 A、B、C、D 的 4 个蓄水池，4 个蓄水池的水量比现有的月牙泉水量多一些，每天将从 4 个不同方向为月牙泉提供补给，也就是用人工方式对月牙泉进行地表水的渗水。这意味着，天然的月牙泉实际上已经不存在了。

4 个蓄水池，虽然也可以收集雨水，但因敦煌年均降雨量仅 39.9 毫米，蓄水池的水主要来自敦煌的母亲河党河的水库。俞海润略带遗憾地指出，党河水库目前的蓄水量大部分用于灌溉农田和城市用水，对月牙泉 4 个蓄水池的水量并不能保证一个稳定的供给。

强制节水遇尴尬

月牙泉艰难维持的窘境，只是敦煌水资源危机的一个缩影。24 岁的俞海润，记得自己 10 岁左右，家里吃的水、浇田的水都是每天或隔天随着父母去村上的机井压水，从未间断。可是近几年，机井里的水经常抽不上来了，村里的人开始学着省水。

"现在河水下来的时候，我们就不再喝井水。"俞海润说，只有在春天河水少，需要灌溉的时候，多用井水；赶上夏天河水多一些，能有将近半个月不用井水。即使深秋或者冬天河水相对少些，也尽量少打井水，毕竟这段时间几乎只有家庭生活在用水。

当俞海润一家随着季节变化，自发创造这些省水办法时，得知一些偏远村子的农业机井被封上了，原来政府也拿出了一套办法。2004 年，敦煌市政府颁布了禁止移民、开荒、打井的"三禁政策"，随之而来的还有 2007 年的"关井压田"，月牙泉周边开垦的农田被重新征回。

这些措施的推行，迫于敦煌严重超载的水资源环境。敦煌市水务局提供的资料显示，历年来的年供水量中，农业是敦煌用水大户，敦煌的母亲河党河流域年总供水量 4.53 亿立方米，农业灌溉用水就高达 4.07 亿立方米，占 89.7%。

在对农户没有补贴的行政命令下，敦煌对非主灌区的农用机井进行了强制关闭，敦煌市水务局局长邓巍说，截至 2011 年已关闭 318 眼。为了更有效地控制地下水开采量，政府还针对党河主灌区仍在正常使用的农业机井，像城里一样统一安装上智能水表，对水资源采取了定额管理。

"我们给每个机井一个定量指标，超过指标后再想用水，费用就得翻倍，这算是通过水权水价制度改革，倒逼农村节约用水。"邓巍说，目前智能水表已覆盖全市现有的 2862 眼机井。

近 10 年来，敦煌市政府投入了很大的心力做节水，但如此倒逼的做法却并未实现理想效果。

沿着敦煌 314 国道沿线，笔者走访了覆盖莫高镇、七里镇、月牙泉镇的万亩高效节水园区，这里的每家农户都在自家田里装上了小管出流、滴灌、渠灌等各种节水设施。

一位不愿具名的农户告诉笔者，这些设施其实 2000 年左右就开始在农户间推广，但是没有多少人感兴趣，都觉得技术不保险，只到最近两三年才装上。"敦煌传统的习惯是每年一亩地要浇上 750 立方米的水，那是'安根水'，要浇深、要浇透，结果节水工程一推行，就要求一亩地不能超过 230 立方米。大家不能接受。"

为建立新的节水习惯，莫高镇成立了灌溉管理小组，对每家农户的用水量，采取定量包干的做法，小组成员一旦发现某家的农田浇水深度够了，就把水口子给封住。

然而，"大水漫灌"式的农业生产方式，并未随之扭转。莫高镇副镇长雷涛说，推广节水设施的前几年，政府秋天给农户安装上节水设施后，一过冬基本上就被农户弄掉，政府再安装，农户再弄掉。

"莫掏一分钱"的补贴效应

农业节水的问题开始变得复杂起来，在这个过程中，自上而下的行政命令逐渐被一种鼓励加服务的市场化行为所取代。"棉花是我们敦煌人最喜欢种的，不过近三四年来，由棉花改种葡萄成为我们的风气了。"敦煌莫高镇苏家堡村 6 队的张克银见到笔者时，正拉着一车葡萄去城里销售。

现年 54 岁的张克银，10 多岁种田就以棉花为主，直到 2009

年他从政府那里知道，有种叫"红地球"的葡萄品种2008年亩产值可达两万元，而当时自己种的棉花亩产值只有两三千元，心里一动，他和老伴就把家里的8亩地拿出5亩改种了葡萄。

谈起2011年的收成，张克银憨厚地笑了笑，说效益确实好。对于雷涛而言，改种葡萄不仅在于收益高了，更关键的是传统习惯种植棉花，吸水量很大，而葡萄具有天然的植物节水性质，比起棉花的生长更加省水。

以经济效益驱动节水目标，现在看来似乎轻松实现了。但雷涛透露，最初没人愿意种葡萄。为了鼓励农户，政府决定由镇上出钱，哪户农民种葡萄，镇上就给他一亩地补助1000多块钱。

政府采取补贴的理由是，敦煌此前推广农业节水设施工程时积累了一条经验：完全依靠农民自身的力量来节水，是不可持续的。

在莫高镇党委副书记告守国看来，农民最初对节水工程的抵制，主要出于成本的考虑。以温室滴灌技术为例，每亩地在节水后成本平均增加了150元到200元。

"2000年的成本其实很低，但大家总觉得钱是自己出的，没必要那么麻烦。"告守国表示，当时节水设施全是老百姓自己掏钱来做，政府没有给补贴，不是不想补，确实是没钱补贴。

直到2007年，节水设施开始新的推广。在"莫掏一分钱"的情况下，一些农户开始尝试使用节水设备。"田里的这些设备，全是公家掏的钱。"莫高镇农户王克仁指着自家温室用的滴灌节水设备告诉笔者，泵房、水源、管道、管带这些硬件设施全部由政府出资，不仅给设备，还派来节水公司的技术人员帮着修建。

"一亩地节水设施投资 1000 多元。老百姓只要负责出人工，像管道的开通、全部设备都是国家来投资的。"雷涛说，2007 年在国家单项节水工程的带动下，从国家到省再到市三级配套资金，其实是以国家投资为主，政府终于砸下重金为节水示范做补贴。

"补贴只是鼓励大家开始节水。"王克仁说，对示范点的农户来说，这几年把节水坚持下来的真正原因是节水之后的收益。"温室这块积极性特别高，自己感觉很明显。以前不节水的时候，温室湿度特别大，好多人种几年温室后腰酸背疼。现在，风湿病好多了。更重要的是，经济效益提高了。"王克仁说，节水后，温室单方水的产值由 19.9 元提高到 43.1 元，大家都感到很意外。

不仅是温室，据统计测算，采用节水技术的农户们葡萄单方水产值由 16.8 元提高到 29.5 元，大枣单方水产值由 8.4 元提高到 29.5 元。农户们尝到了真正的甜头，节水设施的推广才有了起色。2009 年开始，莫高镇成立了高效节水园区的核心区域，目前已经有 1000 多户农户参与其中。敦煌市也围绕这个核心区建立起一个万亩高效节水园区。

节水、调水哪个更迫切

敦煌的水资源危机，显然已不满足于一万亩节水园区的示范效应。敦煌的母亲河党河水资源开发利用率已达 97.8%，其中党河灌区高达 128.5%，地下水位持续下降。1975 年以来，敦煌绿洲地下水位累计下降 10.77 米，近年来更是以每年约 0.24 米的速度下降。水位下降造成敦煌湿地萎缩，多条河流干枯。

"现在需要覆盖整体的节水工程。"邓巍说，敦煌的灌溉面积是 44.72 万亩，经过这么多年断断续续地做农业节水，敦煌现有节水灌溉面积包含高效节水园区在内，只有 10 多万亩。只有把农业节水范围继续扩大，敦煌水危机才有化解的可能。

在外围的舆论当中，很多人把解决敦煌水资源短缺的最后希望寄托于名为"引哈济党"的工程，即把发源于青藏高原的大哈尔腾河的水引入党河。这一跨流域调水的设想起源于 20 世纪 50 年代，近年来呼声尤为强烈，有新闻曾指出其因耗资巨大，迟迟未获审批。邓巍坦言，调水工程确实是敦煌最需要的，但是国家的思路是先节水，再调水，只有敦煌水资源利用率提高了，才能考虑利用外来水资源。农业节水工程势在必行。

幸运的是，眼下敦煌的节水推广不再为缺钱而纠结。2011 年 8 月 6 日，水利部部长陈雷深入敦煌，对全面实施《敦煌水资源合理利用与生态保护综合规划》做出安排部署。

据笔者从敦煌水利局拿到的规划书，这一规划总投资 47.22 亿元，将从 2011 年开始分批投入到水资源配置保障、月牙泉恢复补水工程等 8 个部分的建设中。其中，敦煌灌区节水工程改造的投资匡算为 16.468 亿元，约占总投资的 34%。

从这 16 亿多元的投资中，首先将拿出 10 亿元对断流多年的疏勒河进行节水改造。疏勒河作为敦煌水系的最初源头，曾经水源充沛。20 世纪 50 年代，党河的水、疏勒河的水在玉门关汇合。此后，伴随大型水利建设的铺开，疏勒河逐渐断流。眼下通过解决疏勒河干流主灌区的节水改造问题后，将在2015年实现疏勒河每年向下游放水7800万立方米的希望。

对于敦煌而言，节水工程的终极目标是让敦煌的地下水水位逐年恢复。"这一目标能否实现，月牙泉的水位就是晴雨表。"邓巍表示，节水工程完成后，到2020年月牙泉的水位将恢复保持在2米以上。届时，月牙泉就不再需要应急的人工渗水措施，人们将再度观赏到天然的月牙泉。

有了以中央投资为主的47.22亿元作为强大的资金支撑，敦煌水危机的化解变得指日可待。然而，在浩大的节水工程完成前，敦煌的水资源仍无力支撑现有的发展，只能根据地下水的资源量谨慎、适当地开采。与此同时，敦煌也在寻找各种可能的途径。

采访结束前，笔者获悉"引哈济党"调水工程的项目建议书将在2011年年底上报中央审批，紧接着可行性研究、初步设计将陆续展开。按照最稳妥的规划，调水工程将从2013年开始建设。

中央的原则是，节水是调水的前提和必须，但对于敦煌而言，调水工程是现在最需要的。笔者从整体规划书中发现，其中论证了"引哈济党"工程的两大方案，方案一的特点是路线长、运行管理费用高，工期相对较短；方案二是路线短、运行管理费用低，但因地质条件复杂，工期相对较长。最终的建议是采取方案一，调水的迫切性可见一斑。

期盼了近60年的调水工程完成后，每年将从大哈尔腾河调水 1 亿 2000 万方，输送给敦煌的水是 8400 万方。"调水不是为了大规模的发展、建设，而是为了恢复我们的生态。"邓巍坦言。

（原载于《瞭望东方周刊》2011 年第 52 期，有改动）

跨流域调水之惑

近日，"中国将从雅鲁藏布江调水到新疆"的消息甚嚣尘上。

对外透露这一消息的，是中国科学院院士、清华大学水沙科学与水利水电工程国家重点实验室主任王光谦。在 2011 年 6 月 3 日科学媒介中心举办的座谈会上，他出人意料地表示，国家有关部门已经开始考虑西线调水思路。

对于这一重新提上日程的宏大计划，中国的公众从科学性、生态环境等领域展开了激烈讨论。自改革开放以来，随着一些大型跨流域调水工程的应运而生，部分巨型调水工程势在必行。这种争议一直没有停歇过。跨流域调水工程的建设，也从未停止。

"跨流域调水是由中国水资源的先天特点决定的。"水利界有名的藏水北调"陈传友方案"提出者、中科院地理所水资源研究中心原副主任陈传友说，中国水资源在地域分配上严重不均，比如南北方就太不均匀。中国的南方有 4 个一级流域，这 4 个流域人口、GDP、耕地面积大约占全国的 45%，水资源占 84%。北方有 6 个一级流域，人口占全国近一半，耕地面积占全国的 65%，水资源仅占 16%。

2011 年上半年，连续的旱情令跨流域调水不仅仅作为一项工程，也作为中国缓解旱情的一种战略思路被关注。它因为即将对整个社会产生的无法预知的影响，而成为人们眼中的焦点。在这激烈争论的背后，也隐藏着一种深深的疑惑：在水资源越发无法满足中国高速发展的今天，中国需要怎样跨流域调水？

"大西线"能否再次上马

在座谈会期间，王光谦介绍自己率领的研究团队，已研究出西线调水的具体方案，计划从西藏的雅鲁藏布江调水，顺着青藏铁路到青海省格尔木，再到河西走廊，最终到达新疆。

"方案是可行的。"王光谦特别强调，目前自己率领的研究团队和国务院南水北调办正在组织专家开展西线调水的可行性研究。

此次王光谦提出的西线调水方案，明显与 2002 年 12 月国务院批准的南水北调西线工程内容有所不同。但是，在水利界有名的藏水北调"陈传友方案"提出者陈传友看来，这并非一个意料之外的新想法，只是此前"大西线"方案的一种延伸。

"大西线"的设想，大意是"引雅鲁藏布江的水到大西北"，最早由民间水利专家郭开首次提出，从"大西线"诞生以来，一直面临诸多反对的声音。2000 年，水利学界元老张光斗和水利部原部长钱正英，在向国务院和有关部委作汇报时认为，各种"大西线"方案，在可以预见的将来，没有现实的技术可行性。

很快，这一报告对调水线路的意见在高层发挥作用。"大西线"暂不被纳入决策议程。2009 年 5 月 25 日，水利部原部长汪恕诚在公开场合指出，所谓的"大西线"问题，即从西藏的雅鲁藏布江调水进入黄河，中国的态度是"不需要、不可行、不科学"。

政界、学界争论不休的大西线方案，似乎提供了解决中国干旱问题的一种战略思路，但是眼下是否到了"大西线"上马的时候呢？王光谦透露了另一个消息，2011 年 6 月 2 日，一位原中央领导召集王光谦等人听取了有关西线调水的汇报，大家的一致看法是"西线调水到时间了"。

"学者们把自己想做的或正在研究中的想法提前说出来，作为科学研究是没问题的。"陈传友 1960 年大学毕业时，就参加了南水北调西线方案的超前期研究工作，在青藏高原考察 30 年。他认为，新疆作为一个干旱区，未来随着工农业进入高速发展时期，必然面临一个跨流域调水问题。

"这个未来，约在 50 年以后。眼下，从新疆的发展水平来看，跨流域调水还可以缓一缓。"陈传友表达了这样的态度。

对不少业内专家而言，王光谦团队的西线方案提上决策议程纯属炒作。到目前为止，南水北调的西线工程具体方案虽然仍未定稿，但其基本的原则已定：由近及远，由易到难。

按照这一原则，最近的 3 个水系是大渡河、雅砻江、通天河，把这 3 个水系的水资源调到黄河，就需要几十年的时间。这是西线调水的首选，按照经济性来比较，这样的选择是最佳的，不单是经济性因素，而且它可以笼罩全流域，因为是把水调到黄河龙羊峡水库以上，调到黄河的最上游，对黄河全流域都有好处。此后如有需要，可以从澜沧江调到长江，再从长江调到黄河。如果几十年后还有需要，就从怒江调到澜沧江，再到长江，最后到黄河。

"这些全都完成后，再有需要，才是调雅鲁藏布江的水，那天就快到地球毁灭的时候了。现在看来，大西线调水既没可能，又没需要。"中国工程院院士、中国水利水电科学研究院水资源所所长王浩表示。

从现在的科学技术来讲，首先不可能，从雅鲁藏布江调水要做一系列的辅助工程，包括有无超过 700 米或 800 米的高边坡，而藏区的地形条件基本没有认真勘测过，即使这些工作都做了，完成起来也要二三十年。按照现在的成本来算，到时候每调一方水花费 50 元到 60 元，如此都很难调到新疆。

"更重要的是，新疆现在也不需要这些水。"王浩指出，新疆本身的水资源总量有 832 亿立方米。现在国民经济用水大约用到 510 亿立方米，未来 832 亿立方米的水资源就能很好地支撑起生态保护用水和国民经济用水的需求。

2010 年年底，由 20 位中国工程院院士牵头的"新疆可持续发展中有关水资源的战略研究"重大咨询项目报告表达了类似看法：新疆与世界上同类干旱区的一些地方相比，由于天山、阿尔泰山的冰川融水补给，水资源相对丰富，可以支持社会经济的可持续发展。

但大规模无序开荒和灌溉面积过度扩张，造成了新疆为 GDP 贡献 5% 的农业用水使用比例达 95% 的现象。报告指出，调整自治区经济结构是解决问题的根本出路。新疆"跨流域调水"成本过高不可行。

王浩认为，新疆的关键是要转变增长方式，一个地方的发展首先是内涵式的，提高用水效率，进行水资源管理，发展节水型社会。只有在万不得已的情况下，才进行跨流域调水。

跨流域调水是最后一个撒手锏

尽管"大西线"和新疆跨流域调水的思路面临颇多争议，但中国的跨流域调水大型工程的建设从未停止。

特别是改革开放以来，原来就缺水的华北、西北、东北等地区和经济发展迅速的东南沿海地区的水资源供需矛盾更加突出。为了适应经济社会发展的需要，不得不进行一些跨流域调水。

"一个具体的跨流域调水工程进行与否，存在一系列的判断准则，包括经济准则、效率准则、工程准则等。"王浩表示，这些准则可以用来判定，具体什么情况下才能进行跨流域调水。

解决地方的水资源缺口有两种办法，一是压缩需求，节水；一是增加供给，包括跨流域调水，还有当地水资源的挖潜、改造。每种办法都有各自的边际成本，通过比较这些方法的边际成本，谁的边际成本最低，就用谁。

对于一个地区来说，通常是先考虑节水。随着节水量的增加，节水的边际成本上升，这时才转向新的方法，比如当地水的利用。一般而言，这是最便宜的方法。

当地水利用到一定程度后，成本也会增加。当此前两种方法的边际成本都上升到很高的情况以后，才考虑采用最后一个手段——跨流域调水，而它的边际成本通常是最高的。目前新疆面临的水资源问题是，过度的水土资源开发，一方水才产生国民经济3块钱的效益，水资源的利用率很低，新疆先要做的是提高节水效益。

按照效率原则，新疆作为受水区，它的用水效率还务必要达到同类地区的中上水平，才可以考虑调水。同类地区按气候区划分，新疆作为干旱地区就按照干旱地区的标准。从效率原则看，新疆现在水资源利用效率是全国最低的，它一边调水，一边就会浪费。

"新疆现在的发展方式是无序的、盲目的水土资源开发。新疆发展农业，五六块钱弄来一方水，产出效益是 3 块钱，基本是靠吃国家补贴来发展。"王浩指出，从雅鲁藏布江调一方水，按现在来算要花 50 元到 60 元。

除了经济成本的核算，跨流域调水也要看工程技术的可行性。比如西藏往黄河调水，现在国内勘测出的几条路线都需要建立 800 米高的坝，而世界上现在最大的技术能力是修 300 米高的坝，800 米的高坝超越了现在的技术极限。"眼下的工作基础还不够深入，如果将来勘测到更好的线路，比如修 300 米高的坝就行，而且黄河用水效率也很高了，这时才能谈藏水北调。"

"现在不要盲目地谈'大西线'，有很多前提条件。要从全盘的水安全考虑，跨流域调水是最后一个撒手锏，要像防止战争那样，防止跨流域调水。"王浩指出，数据分析发现，中国不少地区在缺水的同时，还存在大量浪费，所以节水仍有较大空间。跨流域调水是最无奈的方法，拆东墙补西墙又耗资巨大，易引发巨大的地方利益博弈和生态、移民等难题。

要外调水，还是要本地水

跨流域调水的准则虽然是清晰的，但并不总能确保跨流域调水工程充分发挥效益。在已经建成的跨流域调水工程中，如向香港供水的东深供水工程，用水增长比预期有所降低，难以达到原定的用水负荷。"引黄济青"建成后，青岛则出现了一般年份不缺水，甚至调水工程达不到设计规模的情况。

"当时建设正是高速发展的时候，中国需水增长很快，于是把这个规律简单外延了，没想到工程建成以后，需水缓慢增长。早期的跨流域调水工程比如引黄入青、引黄入晋，往往在论证时对受水区的需求预测偏大。"王浩认为，这个偏差是可以避免的。现在我国对于用水需求的预测，技术水平已不存在障碍。

对于跨流域调水而言，如何在工程推进中及完成后协调、权衡各方利益，才是最大的挑战。有业内专家指出，青岛调水工程达不到设计规模是假象，在青岛这样的跨流域调水工程受水区内，宁肯超采地下水、牺牲环境用水也尽量少用外调水。"实际上，青岛引黄河的水相当便宜，才一块多钱，比南水北调的水要便宜多了，它都舍不得用，因为引来的水还是没有青岛市内的当地水便宜。"

在王浩看来，这是地方利益造成的。南水北调未来也可能会陷入"外调水与本地水资源无法统一调配"的困境。

"从国家的角度看，把长江丰水地区的水调过来，是要替代华北地区受水区严重超采地下水及生态大破坏的趋势。国家是这个目的，但是地方并不那么想，南水北调的水贵，地下水便宜，只管地方上一时的需要和利益，意图拼命超采地下水，把南水北调的水作为备用水源。而实际上，应该把南水北调的水作为主力水源，把地下水作为战略备用。"

王浩指出，要保证南水北调工程发挥效益，必须用上外调水，这就需要让地方真正转变用水的方式，首先是强令地下水封井，还得要求外调水的百分之几须优先用完。"现在没有这种比例的规定，也就没有压力。但很快会出台相关政令，比如南水北调 2014 年通水以后，要求受水区 60% 以上的外调水要用掉。"

陈传友认为，目前的状况是水价的结构不合理造成的。南水北调通水以后，要提高地下水的水价，地下水不能这么便宜。

"这是一个系统工程。现在还没开始，未来都要做。"王浩认为，越来越多巨型的跨流域调水工程，对现有的水资源管理体系发出挑战。比如南水北调中线涉及 121 个县、44 个城市，统一调度的规模和力度并不是原有的管理体系能解决的。这其中涉及外调水和本地水利用排序的问题、分水比的问题、供需差的问题，以及几百座闸门统一调度保持稳定水面线的问题。

水利部目前正在主持的"江河湖库水系连通"项目，似乎在为水资源的统一调度和管理寻找新方向。按照陈传友的观察，此次"江河连通"并不是单纯地在每一个联通处建设大的水利工程，而是要利用好江河自然的渠道，建成全国统一的水网调剂系统。水利部的内部目前对于"江河联通"的具体思路，仍然存在较多的分歧。

2011 年 4 月 2 日，水利部规划计划司组织在北京召开了江河湖库水系连通研讨交流会，水利部总规划师兼规划计划司司长周学文承认，当前的"江河联通"缺乏统一的规划，部分地区存在一定的盲目性；北方地区存在从缺水地区向更缺水地区引（调）水的问题，实现资源平均化分配，在改善一个地区水资源条件的同时，降低了另一个地区的水资源、水环境承载能力，可能造成经济效益和生态效益分离。

周学文表示，下一步将加快江河流域水量分配工作，尽快建立水权制度，严格水资源管理制度；努力构建引得进、蓄得住、排得出、可调度的科学的水网体系。

"中国的水资源管理实行的是流域管理与区域管理相结合的方式。流域管理最大的领导是司局级干部，区域管理最大的领导是省委书记，等于是把司局长和省委书记圈到一个屋里谈话，经常谈不到一块去。而且一个司局级干部如何去调动省委书记？"王浩表示，现在水资源管理系统需要有所改变，实行以流域为基础的流域管理与区域管理相结合的管理方式。

（原载于《瞭望东方周刊》2011 年第 30 期，有改动）

真正的三峡"大考"还未到来

——对话国务院三峡办原副主任魏廷铮

2010 年 7 月 20 日早晨 8 点，洪水以每秒 7 万立方米的流量，超越 1998 年洪水峰值，进入三峡水库。此时，年逾八旬的三峡工程设计领导小组组长、国务院三峡办原副主任、长江水利委员会原主任魏廷铮，平静地关注着这座 2003 年开始蓄水、通航发电的三峡水库所经历的第一次"大考"。

1949 年 7 月，魏廷铮跟随"长江王"林一山奔赴武汉治水。正赶上汛期，武汉被淹得一塌糊涂，乘坐的火车在水里面跑。从这一刻起，他就和长江结下了不解之缘，先后陪同毛泽东、邓小平几代领导人考察长江，提出了长江流域的完整治理开发规划。他还亲自主持设计了丹江口水利枢纽工程、葛洲坝水利枢纽工程。而三峡工程从规划到设计完成，则耗费他近 40 年心力。

如今，面对这次"大考"，这位在长江流域治水之路上走过大半个世纪的学者型官员，有着自己独特的观察。三峡工程究竟为长江水患治理带来哪些效应？长江水患治理还面临哪些困局？笔者独家专访了魏廷铮。

这只算一次"小考"

笔者：您怎么看三峡工程面对的这次"大考"？

魏廷铮：这只算一次"小考"，但产生的是"大考"的效应。从三峡大坝本身的安全性来讲，现在只是"小考"。现在上游来的洪水流量为70000立方米/秒，这在宜昌也就是10多年一遇，而三峡大坝的防洪标准是百年一遇。真正的"大考"是百年一遇、千年一遇的洪水。百年一遇的流量就是83700立方米/秒，比现在的70000还要多13700，到那时水库的水位蓄到165.9米。

但就防洪能力而言，这是三峡工程的一次"大考"。1998年上游来了68000立方米/秒的流量，下面就淹得一塌糊涂，主席、总理都去防汛了，还提出要严防死守。2010年上游不仅来了70000立方米/秒的洪水，而且洞庭湖、鄱阳湖、湖南、湖北、江西、安徽的降水，都比1998年来的更集中。除了洪水持续时间稍短一点以外，这一次跟1998年洪水规模差不多，上游的洪峰还稍大一点。

但是2010年的长江堤防淹没区，基本安然无恙。1998年淹没区蓄的洪水是八九十亿立方米，蓄的水跟这次三峡水库差不多。可以说，1998年洪水是淹在农田里，现在是蓄在三峡水库里面，当时那么多水量要是蓄在三峡水库里，防洪也不会那么紧张。现在把1998年的问题解决了，不就是"大考"的效应么！

笔者：刚提到"千年一遇、百年一遇"这些不同的标准，当初在设计三峡工程时，对它的防洪能力，设计的极限究竟是多少？

魏廷铮：三峡工程的防洪标准是按百年一遇设计的，当上游来的洪水达到 83700 立方米/秒，下泄流量是 56700 立方米/秒，剩余蓄在水库；如果是千年一遇的洪水，上面来的流量是 99000 立方米/秒，下泄大概 70000 立方米/秒流量，下游防洪要受点影响，这是从大坝的工程安全标准考虑，保证大坝的水位不超过 175 米。实际上，大坝能挡万年一遇的洪水，就是 105000 立方米/秒。历史上万年一遇的洪水发生在 1870 年，洪水流量是 110000 立方米/秒，这是真正的"大考"，那时候的洪水如果现在来的话，三峡工程能把 110000 立方米/秒削弱到 70000 立方米/秒。这几个标准设计时就有，只是在不同条件下存在。

笔者：3 个标准具体来说对抗洪意味着什么？

魏廷铮：百年一遇的洪水，中下游防洪要保证安全，长江的干堤主要的城市不能垮，这是要跟国家保证的。千年一遇的洪水，要配合应用中下游的分蓄洪区，主要城市不决口。万年一遇的洪水，下面要配合的多一些。总的一条就是，有了三峡工程以后，不能再发生毁灭性的洪水灾害，这是三峡工程建成后的目标，也是三峡工程初步的功能。将来上游不是还有几十个水库么，要配合起来统一调度的话，中下游的防洪工程充分发挥作用，紧张的抗洪抢险就不需要了。

泄洪背后的冲突

笔者：有舆论质疑三峡工程的泄洪是以下游为壑，增加了中下游的防洪压力，从规划设计目标考虑，如何解释这个问题？

魏廷铮：现在水利部要求三峡水库来水流量 70000 立方米/秒时，下泄 40000 立方米/秒流量，保证荆江大堤和沿江重要堤防的安全，保证洪水不上堤，不到警戒水位。最终是为了使三峡水库保留更多的库容，来更大的洪水也能装下。现在 221 亿立方米的库容只蓄了 70 亿立方米，这算是非常安全的防洪调度。

从三峡发电公司角度来说，可以蓄得更多一些，最好下泄流量在 25000 立方米/秒，水库可以充分利用来发电。不过，防汛指挥部发调令给三峡公司决定是否开闸，对指挥部来说，库容越大越好。

笔者：作为一个综合性的工程，三峡工程的防洪功能和发电功能之间怎么协调？

魏廷铮：这个应该由国家来协调，照顾各方面，求得最大的综合效益。中央 1958 年就有过一个针对长江流域规划的决定：统一规划，全面发展，适当分工，分期进行。规划是统一的，全面发展，既要照顾防洪，也要照顾发电，还要照顾航运，几个方面的关系都要照顾到。

笔者：现在是谁在协调？由长江水利委员会出面吗？

魏廷铮：长江水利委员会现在协调不了，应该由国家综合部门来协调。但三峡工程建设委员会是国务院的机构，以前主任是李鹏总理，后来是朱镕基总理，再后来是温家宝总理，现在变成常务副总理，基本降了一级。

笔者：这一季是用电的高峰，三峡工程的发电需要和它的防洪目标会不会有冲突？

魏廷铮：现在汛期是发电服从防洪，两者需要适时协调。水库里 200 多亿立方米的库容摆在那里，要科学调度，有水应该蓄起来，蓄了用来发电、通航。但是这次三峡水库蓄的 70 亿立方米的洪水，如果都放下来，那就引起相当于 1998 年的大洪水了。

笔者：有媒体报道，2008 年三峡集团公司曾为了发电，在汛期蓄水一度没有执行长江委的调度令，如今在抗洪中表现却很积极，您怎么看？

魏廷铮：2008 年这次蓄水还是适可的。145 米的水位没有动，正好来了一场洪水，跟 2010 年汛期一样。当时觉得不蓄放下去就可惜了，三峡公司就蓄了一点。这实际也不是三峡公司自己要蓄的，是湖北、湖南两省提出来，你的水不能放下来，否则我就要上堤防汛。湖北省首先提出，你要保证我的防汛安全，水库要蓄水。这样，三峡水库才蓄了大约几十亿立方米的水。

支流为何险情不断

笔者：这次长江的干流，在三峡工程的调节下相对安全，但支流似乎险情不断。有人认为是湖泊的消失所致，您认为原因在哪？

魏廷铮：湖泊对洪水有调蓄作用，但这个功能不大。下雨的时候湖水慢慢地涨，等到发洪水的时候已经涨满。这就要把湖泊围起来，让它干掉，洪水来的时候把水放进去。现在就算洞庭湖全干了，也就200亿立方米的库容，况且不可能全干了。同时长江的泥沙在江里流速快，大都入海了，到湖里水面一放大，水流减缓，容易淤积。这次支流的灾害和湖泊的消失没有太大的关系。

这次支流的灾害不少都是山洪。更主要的是在我们的城市规划和农村规划中，没有很好地把洪灾因素纳入考虑。随着支流附近的人口增多，一些地区觉得人多了没办法，于是在一些根本不能住人的区域，硬要把人安排进去。结果山洪一来，冲毁一大片，不少地方人口不能及时转移，应对的措施也不多。

支流广大地区一定要做好国土规划，山沟里面多种树，少住人或者不住人，容易发生滑坡、泥石流的地方绝对不能住人。要知道，山洪往往猝不及防，一个暖湿气流遭遇较强冷空气时，集中下 100 毫米或 200 毫米雨，这是山洪期间气象的特殊性，但一些地方的主政者不了解。这是思路的一个转变，以前说控制这些灾害，现在要多想怎么去避免，减少损失。

笔者：支流灾情不断，也有舆论认为是地方配套资金不够，比如江西省，就说没钱修堤防了。

魏廷铮：不光是这样，水利治理的思路也有问题。江西有几个水库，比方说这次出事的抚河，有个廖坊水库修低了。修建时主要有个思想，反对修高坝大库，坝修高了要移民，当时的移民条件不够、安排不好，移民多了要到他这里闹事，所以水库大坝尽量压低，但是防洪功能不管。另外，修水电的人有一个思想：下面不想修，指望上面修一个龙头水库，上面蓄水，下面的不考虑。我们做流域规划的时候，都希望修高一点。但最后地方自己设计的时候改低了。

笔者：为什么要改低？

魏廷铮：不考虑综合利用，只考虑部门利益。坝修低了，工程就小了，花钱就少了，电量损失不多。从发电的角度讲，修高一点或低一点影响不大，要调节就修所谓的龙头水库。所以现在支流上普遍有这个问题，这些水库现在的库容防洪作用不大，只顾发电，太可惜了。

笔者：水库在支流发生险情的过程中扮演什么角色？

魏廷铮：有些水库起作用，有些不起作用。20世纪50年代不是修了8万多座水库吗，都是灌溉用的小水库，技术含量很低，设计标准也很低，靠群众运动修起来的，自己带饭不要工钱修起来的。

笔者：像这种历史遗留的防洪工程问题，需要解决的还有哪些？

魏廷铮：还有围堤。在湖区围的围堰，堤防标准很低，容易决口。最近九江有险情，水利部解释说，1998年九江决口的那个地方，2010年没有决堤，是别的地方。其实九江那地方本来就没有江堤，原来是个湖区，后来围垦开辟了农场，好多中央机关的人下放到那里，把堤坝加固了一些，堤都是土堤。这次很多有水患的围堰，本身谈不上水利工程，都是自己围成垸子在里面种地，没有规划，也没有认真地按照安全标准做好。

拼人力、拼经验还是拼科学

笔者：这么些年来，您感觉我国整体上的治水思路有什么变化？

魏廷铮：最早周总理提的防洪方针是"蓄泄兼筹，以泄为主"，尽量把水放下去，因为长江水量太大，像大禹治水那样，保证排水道、排洪道必须畅通。

笔者：就是用大禹治水的那套方法？

魏廷铮：也不完全是。还要修三峡大坝，大坝是主体，负责蓄水。蓄和泄，两个都要搞。从形势来判断，泄水要放在前面，把水放到海里去，因为长江洪水都蓄起来不可能。

现在看来，蓄做得不够。现在全世界都在闹水荒。水资源能蓄要多蓄一点，能蓄的地方尽量蓄水。总之多蓄一点水有好处。

笔者：蓄水程度为什么会不够？

魏廷铮：因为怕修高堤大坝。修了这些，会淹没一些地区，就要移民。当时怕修水库主要是怕移民，怕得要命。确实当时移民做得太差，对老人的安置、对民生的照顾，做得很不够。当时国家没钱，都要国家出钱，出不起。

笔者：所以，现在的治水不仅是一个水利的范畴，也包含了社会政治联动和民生问题，需要更系统地思考？

魏廷铮：要全面地考虑。20 世纪 50 年代长江流域规划的方针就是统一规划，全面发展，适当分工，分期进行，不要都赖在一个人身上，三峡工程就是这个问题。

笔者：历史上一直有围湖开发的做法，1998年洪水过后，国务院提出过"退田还湖"的政策，这算是治水思路上的调整吗？怎么想起来推出这个政策？

魏廷铮：当时防汛的时候，说老实话，太急，哪些地方应该严防死守，哪些地方不应该严防死守，哪些地方应该分蓄洪，哪些地方应该确保，应该区别开。当时事情紧急，所以都要严防死守。回头再看有些地方不值得严防死守，应该让出来。我估计"退田还湖"的出发点就是这个，给洪水一个空间，人从河里、湖里把围垦的垸子退出来。

笔者：有报告指出，当时"退田还湖"的政策推进速度特别快，有的是双退，人退，田也退；有的是单退，人退，田不退。最后似乎遇到了阻力。

魏廷铮：不合理的围垦要退掉是应该的，合理的当然退不了，一定要符合客观实际。任何事都得有规划，强扭的瓜不甜。最后双退的没有了，剩下的都是单退，但是单退等于没有退，就是人换个新房子，在湖里照种不误，摩托车一骑，拖拉机一耕，种子一撒，庄稼成熟照收不误。

1998年以后，有好多时间都是依靠"1998抗洪精神"，但科学是实实在在的东西，现在中央要靠科学实践。任何事情只靠主观意志是不行的。

笔者：1998 年抗洪后我们究竟吸取了什么样的经验和教训呢？

魏廷铮：1998 年抗洪还是传统的方法，拼人力。洪水之后，中国科学家防灾减灾的研究成果开始相应得到重视，但之后采取的措施含有多少科学技术的成分，很难说。

当时花了很多钱，在长江干支上搞"隐蔽工程"。就是哪个地方有漏水，有隐蔽的漏洞，就全面地打板桩，或者做防渗墙，不管好坏，一道修理，花了几百亿元。

其实作用很有限。所谓"隐蔽工程"怎么找出来？隐蔽在哪里？"千里之堤，溃于蚁穴"，中国人早就总结了。堤防这个问题的影响因素很多，哪里有问题哪里处理，需要加固的进行加固，不需要的再加固也没有意义。毛病就在于老是一刀切，一个口号覆盖全面。

笔者：这些"隐蔽工程"就相当于堵蚂蚁洞是吗？

魏廷铮：对，就想找个堤防打一个混凝土墙下去，堵上所有蚂蚁洞解决所有问题，那是不可能的，应该是不断地加强动态监测，做好控制工程，把薄弱环节补起来，防患于未然，我们迫切需要一个长效的、规范化的、科学的一个防洪体系。

笔者：1998 年的那些安全隐患现在都消除了吗？

魏廷铮：还没有大水来考验。2010 年水位比 1998 年要低三四米呢，武汉水位只是二十六七米。要到真正的保障水位，城陵矶是 34.4 米到 35 米，武汉 29.73 米，那时候才能检验出来。

笔者：您刚才提到了防洪体系中的科学性，实际上从 1998 年开始，长江治水的理念据说就已经由经验型向科技型转变。现在我们的防洪体系中，支撑防洪决策的技术条件如何？

魏廷铮：洪水的科学调度是有一套体系的，每一个洪水年份都不一样，但总能找到一些典型。现在软件这么发达，可以做大量的调度模型，最后由电脑来精确调度。一条河流像长江这样，至少有一百几十年的资料，准备十个、二十几个的调度模型，都可以编出来。但是，现在很多资料都没有很好地利用，没有编出像样的模型，这方面的科学技术开发很差劲。

笔者：什么原因导致的？投入不够？

魏廷铮：说老实话，现在就是扯皮。各个部门，你考虑防洪，你考虑发电，你考虑航运，都是大部门，只照顾自己的利益，都想按各自的模型调度，最后出来的这个模型就行不通。

不是缺钱，这能花多少钱？主要是人的思想统一不起来，个人都强调自己的一面。还是人的因素起作用，不要针锋相对，锱铢必较，应该考虑它的综合效益，大家该让步的要让步，不要过分强调自己的部门利益。

笔者：还有什么其他难以协调的关系？

魏廷铮：涉及的部门跨了几个大部，地方又跨了几个省，而且越是小单位越要强调各自的利益。

比如湖南、湖北两岸的要求就不一样。长江的水位在关键的时候，要影响到洞庭湖和荆江的关系，原来两边争论的时候，长江的水位差 1 厘米，就要打架。湖南说我本土的水，也就是南水，我不怕，我怕北水，也就是来自长江的洪水，长江尽量少向洞庭湖进水。湖北就说你这个洞庭湖应该多分水，长江水位低一点，我好防洪。三峡工程没起来之前，两家都维持现状不准动。三峡工程起来以后，现在两家都在对三峡工程提要求，湖北要求汛期，三峡工程泄流应该控制在 10 万立方米/秒以下，湖南说长江入洞庭湖的 4 个口应该给控制起来。

就连小地方像荆州和常德这两家的矛盾也不好办。原来常德说长江进水进多了，安江防汛受不了，要求控制。但是现在它又缺水了，开始找三峡水库要求放水，三峡水库放水又只能进洞庭湖，到不了常德。这些矛盾有些是无知，有些是对科学的认识太缺乏了。三峡工程建成以后，要协调各部门各地区的利害关系，进行科学调度。

笔者：现在是否需要更高的层面来自上而下地引导技术开发？

魏廷铮：上面的人应该明白，不明白就容易瞎指挥。其实长江水利委员会有这么大一批技术力量，现在很可惜，没有得到充分应用。此外，现在市场经济发展以后，大家都在想办法弄钱，认真做技术开发的人少了，想方设法去弄钱的人多了，这就麻烦了。

（原载于《瞭望东方周刊》2010 年第 31 期，有改动）

【手记】

2010 年夏季洪水频发，特别是出现了大规模的城市内涝，2010 年 7 月笔者写了一篇《12 年治水之变》反思中国自 1998 年以来的治水思路，文章很短，却引起极大关注。意犹未尽的情况下，笔者希望更深入地挖掘中国在治水思路上面临的问题。

2010 年 7 月 20 日，洪峰过境，三峡工程面临第一次"大考"。笔者以此为契机，联系到国务院三峡办原副主任魏廷铮，他自新中国成立以来从事水利事业，提出了长江流域完整治理开发规划。他还亲自主持设计了丹江口、葛洲坝、三峡工程。面对这样一个"治水老人"，笔者与其重新探讨、审视了中国的治水思路。

这篇访谈没有理论、空话，而是纯粹从事实的角度，回应了最被关注的尖锐问题，比如如何看待三峡集团公司曾为了发电，在汛期蓄水一度没有执行长江水利委员会的调度令，而在 2010 年在抗洪中表现却很积极。

文章为水患背后出现的各种问题提供了一个富有力度的解释。文章发表后被各大新闻论坛竞相转载，引发诸多评论。

农场工作人员正在收割麦田/新华社记者朱程摄于江苏某试点农场

第五章 食为先

　　"民以食为天"是中华民族的传统，这一传统因为食品安全事故频发而陷入整体的信誉危机。危机之下，尚未完善的食品安全监管体系更是备受冲击。

食盐加碘拉锯战

卫计委食品安全风险评估重点实验室在全球知名营养类期刊 *Nutrition* 曾发表的一篇评估报告 *Variable Iodine Intake Persists in the Context of Universal Salt Iodization in China*，2014 年年初再度引发舆论对食盐加碘问题的关注。该报告采用总膳食研究方法开展了对中国居民以及沿海地区居民的膳食碘摄入量的研究。研究结果最终表明：中国必须坚持食盐加碘政策。

评估报告其实早在 2010 年就由国家食品安全风险评估专家委员会启动。报告执笔人、国家食品安全风险评估中心首席专家、卫生部食品安全风险评估重点实验室主任吴永宁表示，当时有关学者和公众对我国全民食盐加碘策略的科学性和部分沿海地区居民碘摄入可能过量及其潜在的健康损害关注度日益高涨。

尤其在 2005 年，世界卫生组织根据我国儿童尿碘中位数（Urinary Iodine Excretion，简称 UIE）的监测结果，将中国描述为"超过适宜量"。此后，有关停止食盐加碘、碘营养过量的呼声不绝于耳。

为回应诸多质疑，报告即时启动，对我国不同地区居民碘营养状况及潜在的风险进行了评估。报告中文版于 2010 年发布，此番发布英文版，实则是在国际范围内，对中国继续执行全民食盐加碘政策的必要性，展现了进一步的论证结果。

然而，科学界的这番结论，能否真正打消舆论对碘盐的质疑，尚未知晓。碘盐不仅作为科学问题而存在，更是一项关乎公共健康的公共政策。在社会心理复杂嬗变的情形下，这项政策的接受程度和修订方向，也发生着微妙的变化。

"碘盐致病"风波

食盐加碘在过去20年里已成为生活常识。1994年，全民食用加碘盐作为一项国策在中国推行。当时，"食用加碘盐，健康全家人"的标语随处可见。

然而，2009年7月31日，《南都周刊》发表封面专题《碘盐致病疑云》，拉开了碘盐风波的序幕。在这次风波中，碘盐从被推崇变成了被质疑。在此篇报道中，甲状腺疾病多年来的频发与全民补碘政策被关联在一起，国人"补碘过量"、"因碘致病"等问题被尖锐地提出。

盐一时间成了潜伏在中国人身边的"隐形杀手"。各大媒体、专家、学者旋即纷纷介入对食盐加碘安全问题的讨论。与此同时，南方及沿海城市的数位人大代表和专家学者，均公开提出沿海地区常吃海带、紫菜、海鲜产品，属于轻度或不缺碘地区，应该要放开无碘盐供应。为印证"碘盐过量致病"的说法，山东、浙江、江苏等地轮番公布翔实的数据，而这些地区正是被怀疑碘摄入量过高的地区。

2009年，时任浙江省公共卫生应急检测重点实验室主任的卢亦愚提供的一份宁波市调查显示，食盐加碘8年的乡镇比食用未加碘盐的乡镇年均甲状腺疾病发病率明显增高。如宁波市第一医院近年来因甲状腺功能亢进就诊人数明显增多，仅 2008 年 8 月、9 月两个月，该院因甲状腺疾病就诊的门诊人次达 670 人。

原浙江省舟山市人民医院医生张永奎，因在 2009 年之前多年的门诊中发现甲状腺疾病患者有明显增多，决定展开舟山海岛地区城镇居民甲状腺肿瘤流行病学调查，结果发现海岛居民（成人）甲状腺疾病发病率为 33% 左右，相当于 3 个人中有 1 个人存在甲状腺疾病。

仅舟山医院一家统计，2007 年该院接受甲状腺疾病手术的患者为 770 多人，比 2002 年前增加了 500 多例，其中甲状腺癌病例 2007 年比 2005 年前成倍增加。甲状腺肿、甲状腺瘤病人经测定尿碘含量后，发现几乎全部是碘过量。

对于临床医学界而言，其实"碘盐致病"的说法，从"食盐加碘"政策诞生以来就一直存在。2002 年，辽宁省原副省长、中国医科大学内分泌研究所所长滕卫平提出修改全民食盐加碘政策的建议，实行有区别的补碘政策。

滕卫平从 1999 年到 2004 年，分别选择轻度碘缺乏、碘超足量和碘过量 3 个农村地区，对 3761 例居民进行了甲状腺疾病的病学调查。1999 年，在河北高碘地区一个村子发现 13 例甲癌患者，2004 年又发现 10 例。调查让滕卫平反思，13 亿人口、960 万平方千米的大国，自然环境千差万别，怎么能都吃一个规格的碘盐呢？于是，滕卫平成了第一个递交"修改全民食盐加碘政策"议案的全国人大代表，同时又是执行全民食盐加碘政策的地方政府官员。只是这一议案在当时未能得到任何回应。

碘盐背后的选择权问题

"我们要吃无碘盐"、"补碘需要精细化"这些呼声至今仍在。碘盐风波持续发酵的背后，饱含着普通民众对于食盐消费自由选择权的呼吁。

2013年10月10日，网名为"李李光"的网友在华商论坛发帖称，家里人前些日子被查出有甲亢症状，医生指出是由于碘摄入过多造成，需要食用无碘盐。结果他跑遍所有的超市和市场，都没有无碘盐可买。

"市面上没有无碘盐销售。"2013年10月20日，陕西省盐务管理局工作人员做出回应，称如果确实有需要，可持医院病历证明在西安市盐业公司购买。

无碘盐的非自由流通，成为被"全民加碘政策"被诟病的另一个现实。"我们为什么就不能把知情权和选择权，一并还给公众呢？"北京天则经济研究所研究员姚中秋曾向媒体指出，在美国、加拿大等发达国家，一般会为消费者提供两种食盐，即加碘盐和非加碘盐。有些地方还为市民准备有详细的食用指南，供人们自由选择加碘盐或非加碘盐食用。

对全民加碘政策一刀切模式的不满和质疑，最终指向的是碘盐垄断专营以及垄断专营下的"盐铁思维"。据中国社会科学院国际法研究所助理研究员毛晓飞介绍，2010年他曾发布调查：盐业公司从制盐企业中购买食盐的价格为400～500元/吨，而其对外批发价格平均为1500～2000元/吨，仅批发环节的价差就有4

倍之多。

以北京市为例来算一笔账：中盐北京盐业公司销售的食盐价格为1.30元/斤/袋（2600元/吨），批发价为2180元/吨，去掉采购、加碘、包装、批发经销等费用——加碘的额外费用仅为25元/吨，排除非经营性支出，其净利润高达67%，而制盐企业的平均利润率只有4%。

在2008年10月，毛晓飞向全国人民代表大会常务委员会递交了《关于请求对〈食盐专营办法〉进行合法性审查的建议书》，其矛头直指国务院1996年颁布的《食盐专营办法》，认为该法涉嫌违反反垄断法，排除和限制了市场竞争，造成了我国当前食盐市场地域性垄断的局面，并且已经产生了严重的经济和社会后果。

不可倒的榜样力量

在以毛晓飞为代表的"食盐加碘"批评者眼中，《食盐专营办法》是制约民众自由选择食盐消费的缘由所在，而有关部门在颁布此法时则有着强烈的现实依据。

根据《中国营养科学全书》（人民卫生出版社，2004年）记载，20世纪70年代中国有地甲肿3500万人，地克病25万人，地甲肿患病率为12.8%，地克病患病率为0.66%。至20世纪90年代初，各省市均不同程度存在碘缺乏，全国约有7.2亿人生活在缺碘地区，分布于1762个县的26854个乡。

碘缺乏病不仅仅困扰着中国，也是一个世界性的问题。世界卫生组织（WHO）认为食盐加碘能确保人们有规律地摄入碘，这是优化碘摄入量最有效的解决方案。

WHO 等国际组织推荐的标准非常严格：儿童甲状腺肿发生率高于 5％，儿童尿碘低于 $100\mu g/L$，则可判定为碘缺乏病（IDD）流行区。按照这个标准，中国大部分地区将被划为碘盐供应区。尽管人们对此所知甚少，当时的中国大部分人口面临碘缺乏的威胁。

1991 年 3 月 18 日中国领导人在《儿童生存、保护和发展世界宣言》上签字，向国际社会做出到 2000 年实际消除碘缺乏病的政治承诺。为此，1993 年国务院召开"中国 2000 年实际消除碘缺乏病目标动员会"，通过了国家防治碘缺乏病规划纲要，随后颁布《食盐加碘消除碘缺乏危害管理条例》，规定"除高碘地区外，逐步实施向全民供应碘盐"。

这意味着，全民食盐加碘（USI）政策在中国全面推行。鉴于当时国人普遍严重缺碘，国务院为短时间内解决问题、保障民众健康而选择了"食盐加碘"的垄断经营方式，《食盐专营办法》在 1996 年应运而生。

"中国政府最大的优势，就是对公共卫生政策的贯彻是比较彻底的，到 2000 年左右，碘缺乏病的防治达到了一个好的临界点。"吴永宁评价说。

依据中国从 1995 年以来的国家监测结果的评估，中国政府向联合国承诺的 2000 年年底在国家水平基本消除碘缺乏病的目标已顺利实现，此后也保持了可持续消除碘缺乏病的态势。

2005 年，天津医科大学陈祖培为代表的第三代医学家，在全民食盐加碘 10 年后，进行了一项全国范围的详尽调查，最终通过科学研究证实：食盐加碘策略的实施，使我国学龄儿童的平均智商较之食盐加碘策略实施之前平均提高近 12 个百分点，数千年来因碘缺乏而威胁我国民族素质并造成智力损伤的局面得到了根本的扭转。提供科学依据的陈祖培也正是中国防治碘缺乏病的代表人物。

该结论迅速引起国际控制碘缺乏病理事会的高度评价，被认为对全球实施全民食盐加碘防治策略提供了重要的理论根据。

"中国的食盐加碘策略，可以说得到了世界卫生组织、联合国儿童基金会等国际组织的高度表扬，存在碘缺乏病的其他国家都希望中国政府能维持这个政策，如果中国这个榜样倒掉了，其他发展中国家继续执行食盐加碘政策，将更不利。"吴永宁表示。

2011 年，中国碘盐覆盖率已经达到 98% 以上，在专营制度顺利完成短时间内普及碘盐的使命后，也就是在这一公共卫生政策体现益处之时，风险也愈益显现。"碘过量"、"碘盐致病"的说法开始浮出水面。

拉锯战与一个结论

全民"食盐加碘"政策在 2009 年陷入争议漩涡后，不出半个月的时间，卫生部疾病预防控制局有关负责人做出了回应：目前我国人群碘营养水平总体处于适宜状态。

中国疾病预防控制中心国家碘缺乏病实验室主任李素梅等流

行病学专家进一步跟进指出，甲状腺癌与食盐加碘存在某种联系的推论依据不充分，缺乏令人信服的有力证据。相反，采取补碘干预可使甲状腺癌向低恶性转化已被广泛认同。

官方回应以及流行病专家的论述并没有让"碘盐风波"告一段落。临床专家和大夫通过各种渠道继续发表针对"部分地区甲状腺癌增多与碘盐过量有关"的说法。由此，全民"食盐加碘"政策的支持者与反对者之间形成了一场拉锯战。

在这场拉锯战中，以碘缺乏病防治专家为主的支持派，以临床大夫和专家为主的反对派，相互争论，没有结果。"不少临床大夫认为，现在的甲状腺疾病增加了与补碘有关。碘缺乏病防治专家认为，这只是临床的一个判断，叫相关性判断，只是根据个人感觉做出的定性描述。"谈起这场拉锯战，吴永宁说，辩论的双方几乎都没有拿出较有力的证据，谁也说服不了谁。

为尽快结束这场拉锯战，2010年成立不久的国家食品安全风险评估专家委员会作为第三方介入。2010年4月初专家委员会接到卫生部委托的任务，要求出一个报告：中国的碘盐食用到现在是不是过量了。"食盐加碘的问题还是有应急性的。"国家食品安全风险评估专家委员会主任委员陈君石院士告诉笔者。

此时，"食盐加碘"政策的褒贬不再是单纯的口头之争、局部争议，而是演变为一个覆盖全国的食品安全风险评估项目。负责执行这一项目的是国家食品安全风险评估专家委员会秘书处，也就是国家食品安全风险评估中心的前身。

"风险评估最重要的一件事就是，争议的双方谁也没有数据，那么加到盐里的碘，到底吃饭吃进去多少碘？占多大比重？

需要科学的实验数据来分析。我们当时按照国际规则做了总膳食研究。按照膳食调查，按照所有饮食习惯，然后把所有东西烹调加工，最后得出来吃进去多少盐，这个过程中会损失多少盐。"吴永宁说。

"我们用普通的加碘盐和不加碘盐做了所有的沉淀和计算。如果盐不加碘，就回到我们 12 年前的状态。也就是说，中国政府承诺的 10 年消灭碘缺乏病的所有的功劳，就要退回到新中国成立前的状态。这就是一个基本结论。"

期待多元化的政策调整

在"食盐加碘"评估得出结论后，依然有反对的声音。"但是，第一次从科学上有了充分的依据证明国家原有的政策不能改。"陈君石说。

尽管结论如此，但显然"食盐加碘"政策不再是铁板一块。

2012 年 3 月 15 日开始，国家新的食用盐碘含量标准开始实施，食盐的平均加碘量，由原来统一的加工水平 35 毫克/千克，下调至 20～30 毫克/千克，并且提供了 3 种标准，允许各省自主选择加碘水平。

一刀切的模式由此开始改变。加碘水平放宽之后，每个省均可根据本地的检测结果确认本地需要的加碘量。"自主加碘"方式推出不久，各省无一例外地下调了加碘量。"这种下调行为并不能说明此前中国存在'吃碘过多''碘过量'的问题，只能说明，任何一项公共卫生政策都是有风险的，哪一块有问题，就需要回应老百姓的关切。"吴永宁指出。

回应民众关切的"下调行为"是否有足够的科学依据？对此，吴永宁表示，即使加碘量下调到 20 毫克／千克，还是能保证适宜量。但是，值得注意的是，下调之前大概有 5% 的人可能会超过适宜水平，还有 30% 的人尤其是孕妇可能会低于适宜水平。一旦调至下线，这些低于适宜水平的人，很容易变成一个缺碘的状态，需要跟进监测。

"政府不仅是回应关切，做出应急的调整，也要加强在公共卫生检测上的投入，在这个基础上，保持公共卫生政策的可持续，一旦有问题，也要有能力马上调整回来。"吴永宁指出。

"食盐加碘"这一公共政策所引发的舆论争议，虽然触发了政策的微调，但不少业内人士表示，还需要向着更加多元化的方向发展。譬如眼下，一些国家对碘盐供应实行双轨制，加碘盐由政府出资补贴，价格比较便宜；无碘盐的价格则要高出多倍，最终交由公众自我选择。

目前，国内的碘盐供应并未实行双轨制，卫生部地方病专家咨询委员会碘缺乏病专家咨询组组长陈祖培表示，双轨制在相当长的时间内不会铺开。

（原载于《瞭望东方周刊》2014 年第 2 期，有改动）

【手记】

《食盐加碘拉锯战》报道聚焦碘盐政策近年来所遭遇的质疑

以及质疑背后的本质性问题，首次通过独家的调研结论，揭示了食盐加碘作为公共政策所面临的挑战及调整的需要。本文报道的内容，很快在多家大型网络论坛引发众多网友的关注，特别是对报道中提出的"食盐加碘政策调整"和"碘盐购买的选择权问题"进行了激烈的讨论，不少网友以自身购买无碘盐的经历以及患甲状腺疾病的历史对本文内容展开延伸讨论，认为本次报道非常契合普通公众的现实需求。

报道发表次日，新浪、搜狐、网易等30多家国内主流新闻网站进行了全文转载，星岛环球等国外媒体也在深度栏目中对本报道给予了关注并有所跟进。国内碘防治病专家对报道中提出的碘盐政策精细化问题表示认同，认为值得加以深入研究以应用于实践。盐业有关部门负责人在报道发表后致电笔者，希望能继续关注碘盐政策的改革。

解密食品安全风险监测体系

2013 年 7 月初的杭州，气温已接近 38 摄氏度，在临近钱塘江南岸的浙江省疾病预防控制中心理化所实验室里，主任技师吴平谷和他的团队成员几乎感受不到外界的变化。他们一早就穿戴好隔离衣，埋首于酒精灯、试管、器皿等满满一屋子的仪器之间。

食品安全风险监测样品陆续送到该实验室，其中包括国家级的、省级的还有基层的样品。伴着跳动的火焰、器皿和试管轻触的声音，吴平谷等实验人员描绘着复杂的曲线，手写着无法用电脑替代的原始记录。

食品安全事件高发的社会转型期，风险监测的任务量自然是与日俱增。监测设备夜以继日地开动着，实验人员白天黑夜地加班，以满足工作需要。

这是中国食品安全风险监测这一新体系建设的日常缩影。按照《国家食品安全监管体系"十二五"规划》，到 2015 年年末，每千人口食品安全风险监测样本量要达到 2 件，有着 5000 多万人口的浙江省，样本监测量一直排在全国前列，计划在 2013 年年底每千人风险监测样本量要达到 0.5 件，这距离国家目标，还有 4 倍之遥。

浙江省之外，眼下中国的每一个省份也都在推进食品安全风险监测。国家卫计委公布的资料显示，目前全国共设置食品安全风险监测点 1196 个，覆盖了 100% 的省份、73% 的地市和 25% 的县（区），并启动了食品安全风险监测能力建设试点项目。

2013 年 7 月 4 日，据财政部网站消息，中央财政下拨 2013 年中央基建投资预算 1 亿元，专项用于支持食品安全风险监测能力建设项目。覆盖全国的监测体系，如今不仅囊括了人们熟悉的肉、蛋、奶，应形势之需，还将网购食品等新品种逐步纳入监测名录。

食品安全风险监测体系，自 2010 年推进之后究竟有何作为？面对三聚氰胺、塑化剂、地沟油等层出不穷的食品有害因素，监测体系以何种方式降低其带来的健康风险？监测体系本身又面临怎样的困境？带着这些疑惑，笔者探访了国家级、省级等食品安全风险监测机构，试图揭开食品安全风险监测的面纱。

监测项目不是越多越好

吴平谷 2000 年从大学甫一毕业，就来到浙江省疾病预防控制中心，正赶上中国食品安全风险监测的萌芽阶段。在简陋的实验室里，最初的监测项目很简单，只有食品中化学污染物和微生物的监测。

"全省只有四五个人在参与风险监测，因为监测项目过少，一年只能获取几百个数据。"吴平谷忆及当时的监测条件，坦言实在太差。

其时的食品安全风险监测，只是一个在全国 16 个省份以课题形式展开的项目，依托科技部和卫生部立项，由中国疾病预防控制中心按照地域分布及各地实验室的能力组成项目组。当时，有不少地方的疾控中心并不愿意参加风险监测项目，理由是条件有限。

"其实关键是资金有限，刚开始没有任何经费支持，纯粹是无偿监测。"吴平谷说。

以课题形式进行几年后，风险监测演变为卫生部的行动计划。"风险监测的规格升级后，全国一年整体投入达到两三百万元，但是分配到每个省也就5万至10万元，监测种类非常有限，每个省也就能监测几百份样本。"国家食品安全风险评估中心研究员蒋定国告诉笔者。

升级之后，食品安全风险监测仍只是在部分地区展开，加之没有强制性的要求，监测规模相当有限。截至2009年，食品中化学污染物监测在17个省展开，微生物监测在22个省进行。

食品安全风险监测真正纳入政府工作范畴，是在2009年《食品安全法》颁布实施以后。该法要求卫生部每年要制订全国的食品安全风险监测计划，省级卫生行政主管部门也要制订相应方案。

有了法律层面的坚实后盾，2010年食品安全风险监测在全国31个省正式拉开大幕。在国家食品安全风险评估中心副主任李宁的办公室，笔者注意到一份"2012年食品安全风险监测计划"（其实就是2013年正在监测的对象）。这份监测计划包含食品中化学污染物及有害因素、食源性致病菌、食源性疾病等五大项；监测指标有100多项，包括铅、汞、砷等。

"监测的项目不是说越多越好，还得考虑实际的监测能力。"李宁表示，每年的监测计划都会适当调整。卫生部首先征询各大部委意见，还要征求各省的意见，所有意见汇总到国家风险评估中心，形成最终的监测计划。

黑名单制定的速度赶不上违法的速度

各方纷繁复杂的意见，最终能否纳入监测计划，依据的还是优先监测原则。首先敏感人群的食品是重点，比如婴幼儿食品；还有老百姓消费量大的食品，比如肉、蛋、奶，需要监测其中的有害物质。

优先监测的项目中，颇为引人关注的还有一些易滥用添加剂的食品和非法添加物。已经公布的食品中非法添加物和易滥用食品添加剂黑名单有 6 批，涉及非法添加物 64 种、易滥用食品添加剂 22 种。

谈及黑名单出炉的过程，李宁从技术层面给出了解释。一类是依据市场上已经被媒体曝光发现的品种，这一类在黑名单的名录中占到 50% 以上；一类是经由全国各地监管人员发现的一些线索去判定，而列入黑名单。国际范围内的食品安全问题偶尔也会成为线索。

到现在为止，公布的最后一批黑名单是"塑化剂"（邻苯二甲酸酯类物质）。李宁表示，未来还可能陆续出第七批、第八批，因为非法添加剂是监管的重点。

"我们想努力扩大这个黑名单，依据此名单，让监管部门加大监管的力度。但是难就难在，黑名单制定的速度永远赶不上违法分子制造非法添加剂的速度。"李宁说。

从 2010 年算起，食品安全监测网络已经初具规模，3 年来全国监测了 44 万份食品安全风险监测的样本，获得 300 万份数据。李宁坦言，通过这一监测体系查出来的问题很多，有些会向社会公告，进行相关食品产品的召回，比如伊利的汞问题。但是有些健康风险不是很大的食品安全问题，会在监管部门内部进行处理、消化。

"毕竟，地方政府不愿意总是制造恐慌，已经处理好，把风险去掉了，就不对外公开了，比如南方一些地区食品中的重金属污染问题。其实监测体系发挥不少作用，具体不好对外说。"一位不愿具名的食品安全监测机构负责人透露。

一个逐级上报的系统：医生和上报率

婴幼儿的奶粉、熟肉制品里是否含致病菌、蛋类蔬菜类有无化学污染物……这些纳入食品安全监测范围的内容通过怎样的过程，才能确认发现并最终公之于众？这一过程往往是秘而不宣的，其中涉及的不仅是专业监测机构，也有各级政府的作为。

在国家食品安全风险评估中心，笔者注意到一个庞大的数据库，这一数据库向全国每一家食品安全风险监测机构开放，各机构可以通过密码进入这个数据库。数据库的触角已经延伸到县一级的机构。"但是，县里主要负责采样，监测能力不行，监测至少在地市一级。"蒋定国坦言。

虽然在技术层面的数据库中，各食品安全监测机构可以实现均等化的信息上报。但现实中，食品安全风险监测仍是一个逐级上报的系统。

各级监测机构会按要求向省级疾病预防控制机构报送监测数据，如发现问题，省级疾病预防控制机构及时向辖区省级卫生行政部门报告，省级卫生行政部门则及时向卫生部和省级人民政府报告。

省级疾病预防控制机构向地方政府报告的同时，也会及时向国家食品安全风险评估中心输送监测数据。"一旦发现覆盖几个地区的系统性风险，中心就会报给卫生部，进行紧急会商、沟通。2012 年的伊利婴幼儿配方奶粉汞含量异常，2013 年的贝因美奶粉事件都在监测计划范围内，及时发现苗头，汇报后才消除风险。"蒋定国说。

以搜集信息和数据为目的的全国食源性疾病（包括食物中毒）报告网络自 2010 年开始建立，建立后最令人欣喜的变化，就是强化了食源性疾病中异常疾病和异常健康事件的报告制度。

异常疾病与异常健康事件报告制度是由 2008 年"三聚氰胺事件"触发而形成的。"婴幼儿肾结石的病例在 2008 年的 2、3 月份已在不少地区出现，但均没有引起重视，直到 7 月份甘肃才报到卫生部。此前对于传染性的疾病，已经形成较好的上报传统，而这种非传染性的疾病，是从 2010 年开始建立报告制度的。"李宁指出。

这一报告制度与医院密切相关。这意味着医院的医生不仅仅要看病，发现解释不清的病例或者说异常病例，还要有及时报告的意识。医生确诊以后报给当地的疾控中心，疾控中心报给当地行政部门，同时也报给国家。若觉得有必要，当地随即启动流行病学调查。

以一家县级医院为例，首先县级医院给县一级疾控中心和县卫生局报告，再逐级上报，省级确诊为异常病例后，最后报给国家。

从2010年开始，食源性疾病的监测体系在每省设立了10家"哨点医院"，2013年要求每省至少有30家。虽然全国至今已有598家"哨点医院"参与食源性疾病的监测，但覆盖范围仍很有限。

在推广监测点的过程中，似乎已不存在技术难题，却有着不可避免的观念障碍。国家食品安全风险评估中心在培训医生参与监测的课堂上，常常听到类似的抱怨：临床已经很忙碌，哪有时间去发现异常病例；异常病例的概念不好划定，无法判断。

李宁坦言，异常病例其实很难定义，有时就是凭医生的敏感性，发现1例就报给疾控中心；如果疾控中心从不同医院或地方收到3例类似病例，就开始启动流行病学调查。

"食源性疾病的监测点现正在从省市推广到县一级基层，只能依靠行政命令。"蒋定国认为，食品安全风险监测的报告制度，首先还是需要各级行政部门来协调，如此医院和疾控中心才会配合好。

在食品安全风险监测报告机制的完善过程中，食物中毒病例的上报率，依然是令人担忧的。"本来想统计每年有多少起食物中毒、多少人中毒等信息，为整体预防做信息准备。当时觉得设

定的目标挺好，结果根本实现不了。大家都不报，我们也掌握不
到确定的信息。"李宁表示，地方政府对于食品安全中毒事件的
上报，还是颇有忌讳，怕影响政绩。

第三方机构参与主动监测网络，还要再等 20 年

因中国现阶段的特殊国情，公众和舆论更多关注的是非法添
加剂的监测，而在食品安全监测体系中，国际范围内微生物污染
引起的食源性疾病已然成为多数国家首要的食品安全问题。

如美国从 20 世纪 50 年代开始设置主动监测网络，一度监测
到某批次的香瓜在某几个地区出现污染问题，及时研究判断，发
出预警，阻止其销往其他几十个州，从而避免大规模的食品安全
事件爆发。

在中国境内，监测重点实际已转向主动监测。随着物流的发
达，食物中毒在内的食源性疾病通常在中国不同地区呈现分散式
爆发，通过主动监测网络，可以把信息汇集在一起，通过临床症
状、实验室检验加流行病调查 3 种手段的结合，提前判断、预警
一些大范围的食品安全事件。一般，跨省的监测结果由国家疾控
中心来判断预警，省内的监测结果由省疾控中心来判断预警。

因主动监测体系对专业技术性要求高，2012 年启动后每省
只有 10 家医院有条件参与其中。蒋定国指出，如微生物这样的
监测，多数县级医院还没有条件实现，所以只能逐步推广。

作为专业性的技术网络，主动监测体系需要极大的物资、设
备投入。过去这样的投入，因为食品安全风险监测以九龙治水的

方式，归工商总局、卫生部、农业部多家管理，陷入资源重复浪费的窘境。中国的食品安全风险监测领域也出现了不少合资或外资的第三方机构。2013 年 3 月，随着大部制改革，主要监测体系的整合有了新的可能，目前食药总局正在和卫计委讨论如何合力监测。

主动监测需求不断增长的情况下，监测机构的扩充成为必然。国外多数是第三方机构在参与风险监测、主动监测，它们更具公正性。但是，国内现在主要还是依靠隶属于部门的、事业单位性质的监测机构。"我国第三方机构起步晚，力量较弱，规范性较差，主要是认证不完善。要形成一定的规模，还需要一个过程，也许 20 年左右能发展起来。"蒋定国说。

目前国内的食品安全监测网络体系，并不包括第三方机构。第三方机构难以参与的更为实际的理由是，他们收费较高，而风险监测目前多是在行政命令下操作，利润过低。

"曾有多家第三方机构申请参与政府监测任务，但是这些机构对于某一样本中一个指标的检测费就要收取几百元，而疾控中心等事业单位检测 10 个指标，才收几百元。"李宁说。

东部地区的纠结

食品安全风险监测针对一个样本，花费基本就在千元左右，而风险监测中所用仪器特别是大型仪器以进口居多，购买、维护等费用之高，更是令不少西部地区疾控中心负责人咂舌。

"海南、甘肃、宁夏、新疆等地监测条件之差，超出想象。"

蒋定国回忆，前几年去海南时，在省一级的实验室里，场地拥挤到连小型仪器都没有足够的空间摆放；而涉及食品中化学污染物监测最基本的设备，如液相磁谱、气相磁谱全都没有。

因为条件差到基本的监测项目都几乎无法开展，2010 年开始中央通过财政转移支付，陆续以每年一个多亿的投入，试图改善西部食品安全风险监测硬件缺失的局面。经费下达后，最终以县为单位，依据人口来划分拨款额度。除去设备投入，中央还为西部地区的每个省每年提供 200 万至 300 万元的监测经费。

在国家的这笔投入中，东部九省并没有纳入。"针对东部九省，国家的态度是只给政策，不给经费，毕竟东部的条件比较优越，浙江、广东等地的实验室条件比国家风险评估中心还要好。"李宁坦言。即使没拿国家一分钱，像浙江这样的东部省份，每年提供给国家的监测数据量都在前列，对食品安全风险监测任务都是超额、超量完成。

然而，东部九省对于中央截然不同的投入力度，并非心服口服。蒋定国在全国食品安全风险监测培训中，时常听到山东、福建省份的风险监测负责人抱怨："其他的疾病预防控制的经费、传染病的经费完全可以到达东部地区，为什么食品安全的经费不能到达东部地区？我们的经费也很缺乏。"

即使在外界看来条件优越的浙江省，也觉得在经费投入上有苦难言。浙江省营养与食品安全研究所副所长章荣华表示，东部虽然比西部发达，但是经费预算的要求更高，如果原来没有列入项目的，要增加一个项目预算非常困难。而且政府对于食品安全风险监测这项任务的内涵，不是很清楚。直到现在，浙江也没有常规的食品安全监测经费做保障。

2000 年以来，浙江省的食品安全风险监测费用基本依靠课题费或者项目经费来解决。"明明需要的是食品中污染物的监测经费，但只能通过别的项目科研经费来调节，打打擦边球。用于食品营养研究的工作经费，也会匀出一部分用于监测。"章荣华说。

"七拼八凑"满足监测需求的结果是，一些可以监测到非常微量污染物的高精尖仪器无法更新，食品安全监测方法的研发也被限制。不过，章荣华也透露，浙江省卫生厅和财政厅正在讨论，将改善经费投入不稳定的现状。而且，国家发改委近期出台了一份有关"全国风险监测经费装备投入"的文件，浙江省正在争取 200 万元左右的投入金额，尽管这一投入主要还是偏向于西部地区。

"一些东部地区其实也缺乏风险监测经费，国家没拨钱，省里又没及时配套，很是困难。"蒋定国认为，更令人担忧的是，中央转移支付投入后，西部地区纯粹依靠国家投入而没了主动性。而且可能出现一个现象，中西部地区的钱和设备进来了，却没有监测的人。东部地区招聘来的监测人员多，反而没有足够的仪器，没能发挥应有的作用。

（原载于《瞭望东方周刊》2013 年第 28 期，有改动）

转基因大米会不会端上国人餐桌

2009 年年末，路透社消息称，中国农业部生物安全委员会为转基因水稻发放了生物安全证书，转基因水稻的商业化种植可于两三年后开始。

此前，全世界无任何一国尝试转基因水稻的商业化种植，包括转基因技术最发达的美国。在水稻的故乡，在水稻约占谷物总产量 40% 的中国，转基因水稻是否会率先登场？

负责农业转基因生物安全评价工作的农业转基因生物安全委员会（以下简称"安委会"）经过历时 10 年的安全评价，2008年 12 月做出结论：转基因水稻与非转基因对照水稻一样安全。农业部于 2009 年 8 月 17 日批准了"华恢 1 号"及杂交组合"Bt汕优 63"在湖北省生产应用的安全证书。

不过，农业部方面也表示，安全证书与商业化种植以及端上餐桌，还有相当的距离。转基因品种在获得安全证书后，还要进行品种审定，在控制条件下进行区域试验和生产试验，考察其利用价值和适宜区域，试验合格的颁发品种审定证书。之后，企业还将申领种子生产许可证和种子经营许可证，批准后方可进行商业化生产。

业内人士对于转基因水稻都是三缄其口。低调的态度之下，转基因水稻产业化的政策近年却不断发力。2008 年 4 月，农业部为修订《农业转基因生物安全管理条例》进行调研。有报道称，调研在结果中提出应该"在科学、安全的前提下，适当简化原先过于复杂的审批程序，缩短转基因作物上市的过程"。此后不到1年时间，转基因水稻就取得了"安全证书"。

身处争议漩涡，转基因水稻产业化仍在加速推进，究竟源自何种动力？当商业化种植不可避免，转基因水稻在进入13亿人口的食物链之前，还面临哪些未知的风险？

90%地区种植转基因水稻，每年将创造370亿元福利

"现在要赶紧补上这一课，我们自己不发声，公众就犯糊涂了。"谈及"转基因水稻的商业化历程"，中国农业科学院生物技术研究所研究员黄大，是安委会委员中为数不多的高调者。

他指出，从全球发展趋势看，转基因水稻眼下已经进入战略机遇期。全球目前已有涉及抗虫、抗病、抗除草剂、品质和农艺性状改良等数百例转基因水稻获准田间试验。

尽管各种争议不断，转基因作物的产业化已是大势所趋。这一趋势始于1996年，当年全球转基因作物种植总面积达到170万公顷；2004年突破至8100万公顷，是1996年的47倍。

值得关注的是，2000年到2004年间，就在国外转基因作物发展进入"快车道"时，中国反倒放慢了脚步。"2000年，我国转基因作物的种植面积在全世界排第四位。这几年我们掉到了第六位，印度现在也跑到我们前面了。"

"放慢脚步"的前兆始于20世纪90年代末，国内有关转基

因食品安全性的争论渐多，农业部开始慎重考虑转基因生物的安全管理问题。"放慢脚步"的过程中出现一个特别的现象。中国因贸易摩擦曾想抵制美国转基因产品进口，最后的策略演变为：我们不发展转基因大豆，你也别进来。结果还是没控制住，从2003年开始中国大量从美国、巴西等国进口转基因大豆。

"这是一个判断上的失误。"黄大指出，"现在我国大量进口的是一种抗除草剂的转基因大豆，而当时的看法是中国有的是人力，不需要除草剂，也不需要抗除草剂的大豆。结果随着农村劳力的减少，除草问题越发突出，才意识到这种需要，这时再抓有点晚。大量的转基因大豆进来了，而国内核心的产权、技术却都没有开发出来。"

如今，中国已成为世界上最大的转基因大豆进口国。中国大豆产量由原来的世界第一退居第四。"这是一个深刻教训，教育我们在水稻的问题上非抓不可，否则也可能被国外控制。"黄大说。

2004年，转基因商业化"步子快一点"的想法逐步成型。一份由16位院士和其他专家起草的《我国转基因作物研究和产业化发展策略的建议》提交到国务院领导手中，提出"转基因水稻应迅速批准商业化生产"。

"步子快一点"的想法，除了粮食安全战略上的考虑，转基因水稻将带来的巨大经济效益和社会效益也是题中之义。

中国科学院遗传所副所长朱祯向笔者指出，转基因作物可以使用1/4的土地面积，生产大约1/3以上的谷物。其中主要是口粮，可以养活一半的人口。产量约可提高6%。转基因作物的总农药使用量可减少 20 万吨，相当于中国现在农药使用量减少 20%。

中科院农业政策研究中心主任黄季教授曾公开指出，转基因水稻可以使农民每公顷平均增收 600 元。如果中国 90% 的地区种植转基因水稻，将为社会每年创造 370 亿元左右的福利。

对于一个占世界人口近 1/4、耕地面积只占世界 7% 的发展中国家来说，"转基因水稻"商业化的诱惑，几乎难以阻挡。

同时，转基因水稻研究持续投入却不能实现成果转化，其压力也让商业化种植益发迫切。作为最早一批参与转基因水稻研究的专家，中国农科院作物遗传工程实验室主任贾士荣在 20 世纪 90 年代曾研制出一种抗病转基因水稻。"当时是超前的，效果也很好，但审批通不过。耽误了七八年后，出现了能达到同样效果的新技术，这种技术只要用常规育种手段，不像转基因那样严格受限，应用很快。"

10 多年的时间就此白费。而最近得到安全证书的项目研究人员也曾表示"不希望无限地等"，因为一个很有优势的品种，若干年后就可能丧失竞争力。

有业内专家指出，更不能等待的是"国家的投入"。从"863 计划"开始，转基因项目就在国家领导人的支持下持续投入，即使在 20 世纪 90 年代末争议较大时，项目也没有停，队伍也没有散。过去 20 年，1/3 的转基因研发资金集中在转基因水稻的开发上。"如果我国不进行转基因水稻的商业化推广，就相当于每年放弃了 200 亿元的收入。"

农业部相关部门告诉笔者，我国水稻生产中存在着病虫危害严重、干旱等逆境造成严重减产、单产有待进一步提高和稻米品质亟待改良等主要问题。2008 年 7 月，国务院常务会议审议并原则通过了转基因生物新品种培育重大专项。在水稻方面，统筹考虑抗虫、抗病、高产和优质等综合性状优良的转基因水稻新品种培育。农业部方面称，新兴的转基因技术将有助于"提高水稻产量和品质，确保我国粮食安全"。这也是率先取得世界性突破的良机。

商业化未必能在两三年内开始

2004 年，"转基因生物新品种培育"被列入《国家中长期科学和技术发展规划纲要（2006—2020 年)》重大专项，作为农业领域获得的唯一专项，总预算超过 200 亿元。从此，转基因水稻掀起热潮，单这一年，中国政府花费 5 亿元用于转基因水稻的开发。

转基因水稻商业化发展的意愿增强了，但是政府对于何时放开、如何放开商业化，依然相当谨慎。

"转基因重大专项直到 2008 年才真正启动，中间论证了 4 年，各部门对转基因发展的认识始终有分歧。特别是转基因生物安全性的管理怎么把握尺度。环保部觉得要充分论证，一论证就有反对意见，一反对，国家就决定搁一搁。"黄大说。

为缓解争议，国家在转基因水稻安全性的研究上投入巨大。中国农科院植保所所长吴孔明告诉笔者，目前通过审批的两种转基因水稻，20 世纪 90 年代末就从科研层面完成了技术研发，剩余的时间，几乎全部围绕着转基因水稻的安全性评价做工作。

安全评价分为实验研究、中间试验、环境释放、生产性实验等 5 个阶段。从本次获得"安全证书"的品种看，每个阶段需近 1 年，完成全部评价在 5 年左右。然而，最终却用了近 10 年。

"主要是农业部考虑到转基因水稻是关乎国计民生的大事，要万无一失。即便研究单位自己完成了评价，农业部最后还得委托几家检测机构，将所有的东西重新做一遍。"吴孔明说。

农业部在检测过程中扩大了实验范围，在不同地方进行检测，以保证结果更加安全。如"Bt 汕优 63"，除在湖北实验区有试验性种植，还在安徽、浙江、福建等地进行了安全评价。

这些接受农业部委托的第三方检测机构，全国共有几十家，大部分在农业部系统内部，如中国农科院的水稻研究所。它们和研究单位没有利益关联。

这些颇为谨慎的做法，在不少转基因专家眼中成了另一番景象。"现在最大的问题就是审批程序太过繁复，尽管 2008 年农业部提出简化，但并没有做。转基因水稻在中国的产业化不是硬件问题，而是软环境跟不上。"朱祯表示。

官方迟迟未公布转基因水稻商业化种植的时间表。因此也有意见认为，在转基因提速的背景下，拿到"准生证"的转基因水稻很快就会广泛种植。

吴孔明特别指出，转基因水稻的生产有《农业转基因生物安全管理条例》、《种子法》两部法律管着。只有两部法律颁发的"准生证"都到手，才能开始商业化。现在只拿到"条例"上批准的一张，还要按照《种子法》规定通过品种审定。审定时间一般是两三年。

不少国外媒体据此预测，中国转基因水稻将在两三年内开始商业化种植。吴孔明则表示，即使两三年后也不一定能开始，因为品种审定中还有一个淘汰机制。"就是让转基因水稻种子和其他水稻种子竞争，比得过，就通过审定。现在批准的是作为抗虫的转基因性状，但如果长得不好、产量低，还得换成其他水稻。"

"底下也分不清哪些是转基因，哪些不是"

即便拿到了"准生证"，转基因水稻的商业化种植之路，仍蕴藏着不可预知的风险。

在安全性评价时期，转基因水稻的种植规模有限，一旦商业化，种植规模迅速扩张，随着地区、气候等因素的变化，整个生态学链条也会发生变化。"这种变化会带来什么结果，过去只是理论上的预测，在现实中需要根据监测动态来确定新的风险管理办法。"吴孔明说。

黄大指出，在转基因生物的安全性管理上，现在中央一级已积累了不少经验，也算和国际接轨。特别是在安全风险检测机制上，国家的体系相当严格，对于《农业转基因生物安全管理条例》已有的问题目前正在修改之中。"内容还不能公开，主要的目的是更有利于在新形势下，加快推进转基因作物的发展，同时又保障安全。"

农业部有关部门告诉笔者，转基因粮油等主要作物的品种审定不同于普通作物品种，有关区域试验和生产试验将在严格可控制的条件下进行，具体办法农业部正在研究制定中。对于农业转基因生物安全管理工作，农业部方面称"严之又严、慎之又慎"，切实保障公众的知情权和选择权。

但是，监管最终还是靠地方，特别是大面积推广以后，地方政府监管的范围有哪些，具体怎么管，可能是个问题。

这个"可能"出现的监管问题，对于绿色和平组织食品与农业项目主任方立锋来说，已经是个现实问题。2005 年 4 月，该组织经过两个月的调查发现，湖北武汉市、武汉周边地区和松滋市等地方的种子市场、农技站和种子站，在非法售卖没有通过安全审批的转基因水稻，并很可能销售到湖北以外的南方市场。根据种子公司和农民提供的数据，综合估算，湖北 2004 年至少有 950～1200 吨转基因大米已流入市场；2005 年的种植面积至少为 20000～25000 亩。

2007 年 9 月，在位于怀化市的湖南省中稻区域试验田，绿色和平组织又发现：在农业部不知情的情况下，一种实为转基因品种的水稻，冒充常规杂交水稻做了两年田间实验，并已进入最后的品种审定阶段，试图绕过转基因生物安全审定，直接获取商业化种植资格。

"这些品种都是从国内的实验室里流出来的。这背后自然有很多商业利益，而政府的监管似乎有些力不从心。"方立锋指出，一旦商业化种植放开，监管会更困难。黄大也认为，国内地方上对转基因的监管有点混乱。他说，不久前在国家发改委的一次会议上，还有人反映华南几省有不少国外转基因作物，没在国家登记就开始种植。

"底下也分不清哪些是转基因，哪些不是。中央的条例到了地方，还得拿出一些具体办法，现在看来还是一个空缺。"黄大说，首要的是把地方管理体系建立起来，地方政府才能真正负责。

（原载于《瞭望东方周刊》2010 年第 9 期，有改动）

垃圾分类回收车是维持日本洁净的"功臣"之一/作者李静摄于日本东京

第六章 变废为宝

不可循环的垃圾并没有被真的丢
弃，通常是流向另一个地方。我们对
垃圾、对废弃物的理解远远不够，它
们不只是废弃物，也可以成为宝贝。

北京如何应对垃圾围城

北京市正在对每天产生的 1.84 万吨垃圾宣战。

"政府要在很多方面给予优先。原来苦于设施建设慢，主要是在规划上、超前预留储备用地上、统筹方面做得不够。同时，焚烧、综合处理等新技术，要优先用于垃圾处理。"北京市政管委副主任陈玲就 2009 年 4 月北京市委市政府发布的《关于全面推进生活垃圾处理工作的意见》（以下简称"《意见》"）向笔者解说。

在这份《意见》中，首都的垃圾处理结构调整有了明确目标：2012 年垃圾焚烧、生化处理和填埋比例为 2：3：5，2015 年这个比例为 4：3：3，其中焚烧的比例被大幅提高。

这样的技术布局并非水到渠成。2009 年 3 月 11 日，北京市六里屯垃圾焚烧厂在周边居民长达两年的抗议中，被国家环保部列为"停建、进一步论证"的项目。北京市规划中的其他焚烧厂也面临类似的环境争议。

在垃圾问题专家赵章元看来，政府要做出合理的技术路径选择，除了要考虑成本、政策等因素，还特别要考虑到公众对相关决策的参与。垃圾引发的生态危机和社会安定问题，政府要紧急动员去解决。

填埋场还能用 4 年

"它的容量是 892 万立方米，使用 6 年期间已经填埋了60%。现在如果不控制，两三年就饱和了。"朝阳区垃圾无害化处理中心办公室主任顾来茹在高安屯垃圾填埋场附近告诉笔者，这个位于北京东面的填埋场，规划的 30 年寿命，如今已被大大压缩。直接原因是，"垃圾量超出处理能力"。

建成于 2002 年年底的高安屯垃圾填埋场，作为朝阳区最大的生活垃圾处理设施，原本设计的日处理能力为 1000 吨，2003年投入使用后日处理量很快达到 1534 吨。很快，这个垃圾填埋场的处理范围不仅包括朝阳区，还有通州地区，日处理量逐年增加。"2006 年是 2677 吨，2007 年是 3193 吨，2008 年是 3400吨。"顾来茹告诉笔者。

高安屯垃圾填埋场的膨胀状态，只是北京垃圾填埋厂现状的一个缩影。北京市政管委宣传处处长郭卫东告诉笔者，截至2009 年 7 月，北京市垃圾日产生量 1.84 万吨，设施总设计日处理能力为 1.04 万吨，实际日处理 1.74 万吨，设施平均超负荷率达 67%。结果是填埋场服务周期缩短一半，剩余寿命仅 4 年左右。

长期超负荷运转的填埋厂就像一个快要撑破的袋子，岌岌可危。2008 年七八月是高安屯垃圾填埋场最难熬的日子。填埋场周边多个小区向朝阳区环保局致信抗议，柏林爱乐、万象新天等垃圾处理场周围小区居民相约上街"散步"，抗议垃圾场带来的臭味，直到朝阳区政府就垃圾场臭味向居民公开致歉。填埋场的一位工作人员表示，居民的反映可以理解，因为当时的臭味确实很大。

"臭味大增"的背后是无奈的现实困境：高安屯垃圾填埋场按照计划，原先主要解决城市垃圾，随着 2007 年、2008 年北京奥运会筹备阶段对环境提出更高要求，农村的大量垃圾也纳入处理范围。一进入 2008 年，垃圾处理量超出了承受能力的 3 倍多。

北京奥运会期间，高安屯垃圾填埋场达到处理极限。奥运会之前，各大宾馆、饭店的餐厨垃圾都通过小商小贩用拉泔水的车运送到外地农村。由于奥运会期间，这些车辆被严格管控，不能进京，垃圾全进了填埋场。"都是一些容易腐烂的东西，夏季高温，雨水一多，泔水味自然大。"

居民反映之后，政府部门向朝阳区处理中心下达了限期治理通知书，填埋场也采取了不少补救措施。2009 年高安屯垃圾填埋场启动了第三期沼气发电工程，仍满足不了填埋气的排放需求，又加了 4 组大的火炬，直接把填埋气烧掉。

2009 年 4 月，北京市政管委提出"启用全部设施消除垃圾填埋场的臭味"。对此，顾来茹告诉笔者，只能尽力降到最低，因为中国的垃圾成分太复杂，填埋场沼气太多，不是说想控制就能 100% 控制住。

"政府对此很头疼。想关填埋场，但关不掉。"朝阳区垃圾处理中心一位张姓工作人员说，一是因为必须留出一部分填埋空间，未来即使焚烧厂、综合处理厂都建设起来，还有一部分残渣需要填埋；更重要的理由是，"填埋场要用到什么时候，现在不好说。只有等到焚烧、综合等设施上得全，运行得好，才可以停。"

在此之前，政府只能努力延长填埋场的"寿命"。

建垃圾焚烧厂周折频频

目前，高安屯填埋场正在"减负"——每天的处理量一部分被市属的垃圾填埋场分流，一部分送到新建的高安屯垃圾焚烧厂。如此，高安屯的日处理量被控制在1000吨。

这并没有让顾来茹和同事感到轻松，他们很清楚，接受分流的市属填埋场同样面临饱和窘境。缓解危机的希望，寄托在距填埋场不远的高安屯垃圾焚烧厂。这座焚烧厂于2008年奥运会前举行了点火仪式，当年10月试运行。"尽管目前还处于调试阶段，但是每天的处理量已达到1500吨左右，接近预先设计的1600吨。"

高安屯垃圾焚烧厂尤为突出的一个优点就是"占地面积小"。相比于填埋场占地600亩，焚烧厂只需要70亩土地。这对于无地可埋的"北京垃圾"而言，有着特别意义。市政管委称，目前北京市用于垃圾处理项目的土地日益减少，新建填埋场，项目从立项到开工建设需要五六年甚至更长时间。

建焚烧厂成为政府首选。而在顾来茹的记忆中，焚烧厂本该来得更早一些。2003年年底，北京市政府首次公布《北京市生活垃圾治理白皮书》，提出了"2008年前要完成朝阳、南宫、海淀3座焚烧厂建设"的目标。截至2009年7月，除了朝阳区高安屯垃圾焚烧厂在试运行，其余均未建成，甚至遭遇强大阻力。

即便是高安屯垃圾焚烧厂也历经周折。负责焚烧厂运行的高安屯垃圾焚烧有限公司副总经理李易达告诉笔者，早在1997年国家发改委就对该厂立项，动工建设则在9年后。"折腾这么久"的原因主要是资金。该厂投资8个多亿，是一个填埋场投资的四五倍，按照市政管委高级工程师王维平的说法，建焚烧厂，烧垃圾之前先"烧钱"。于是，政府先要费力寻找投资者。

"一开始有很多股东，直到2003年才最终确定金州集团为股东，出于融资需要改了结构，现在叫金州环境控股集团，是中外合资企业。"李易达说，政府只出地，没有掏钱，整个运行由企业负责。而市政管委则表示，"2015年前建设的垃圾焚烧厂项目是以市政府投资为主"。对此，顾来茹说，从北京市来讲，还是由政府投资，政府委托运营较好。

"一般企业做不下来。"在李易达看来，焚烧厂的市场化道路并不顺畅，"虽然政府很急，要求按绿色通道项目审批，但光办手续就好几年，很多细节还得区里市里帮着协调。"

最难的是相关扶植政策迟迟不到位。按照《可再生能源法》，焚烧厂外面的输电线路本由电力企业负责建设，但是当时电力企业以高安屯垃圾焚烧厂立项早，不能享受政策为由，拒绝建设。"最后只能自己做，光拆迁、征地就用了两三年。"

焚烧厂运行后，仍处于困境。因为筹资困难，部分资金向银行贷款，条件是垃圾补贴政策都会到位。而直到最近，这些政策才略有眉目。

舆论危机

在高安屯焚烧厂建设的过程中，北京市曾有过几次大的讨论：要不要上焚烧厂、利弊如何。在李易达的印象中，有段时间一直听到反对的声音。"不过，现在反对期已经过了，进入鼓励阶段。"

"鼓励"来自北京市政府。市发改委、规划委等多部门的主管领导相继表示：焚烧厂的建设是必需的。市政管委在"确定怎样的技术处理路线"时，提出对发达国家"科学合理"经验的借鉴，重点是"美国、日本、英国垃圾焚烧比例逐年上升"。

这种决心也得到了国家层面的重视。"此前，有位专家给中央写信，说北京市就要垃圾围城，焚烧是一个方向。2009 年，国家发改委就接到委托，在全国范围内对焚烧厂做调研，供高层领导决策。"李易达说。

然而，在这些决心落实到每一个焚烧厂的建设上时，却遇到了意外的"舆论危机"。2006 年年底，海淀区政府发布"海淀区'十一五'规划"，准备在六里屯新建一座垃圾焚烧发电厂，并计划在 2007 年 3 月动工。周边居民的反对声陡然而起，一封投诉信在万名业主的联名请愿下，送达政府机关。

2006 年 3 月，六里屯居民开始寻求法律援助，提出行政复议。2007 年 5 月，尽管行政复议仍维持原有的规划，但政府在六里屯垃圾填埋场举办了首个"公众接待日"。

舆论并未就此平息。2007 年 6 月 5 日世界环境日当天，六里屯数千居民聚集于国家环保总局，表达"反建"呼声。同日，海淀区副区长吴亚梅与居民代表见面，就六里屯焚烧厂建设进行沟通。两天后，在国家环保总局的一场新闻发布会上，环保总局官员建议，该项目在进一步论证前应缓建。然而，环保部的意见并没有改变北京市政府的决心。

2009 年年初，在政府决策和居民舆论相持不下之时，海淀区"两会"上，海淀区区长林抚生在政府工作报告中指出，要加快推进六里屯焚烧发电厂的建设；而海淀区市政管委负责人表示，预计年内不会开工。3 月，国家环保部发表了对"六里屯焚烧厂争议"的最新意见：应进一步论证，未经核准不得开工。这个陷入争议风波的垃圾焚烧发电项目，被暂时冻结。

"六里屯事件争议的核心只有一个，就是垃圾焚烧后产生的二噁英问题。"李易达表示，像高安屯这样的大型焚烧厂，前期投入 8 个多亿，2/3 都是花在尾气治理，特别是二噁英的控制上。

北京市既然下决心上焚烧厂，排放的标准会尽可能高。陈玲表示，目前北京市的排放标准采取的是欧盟标准 0.1 纳克，高于国内一般标准。而进入调试阶段的高安屯焚烧厂由北京市环保局委托中科院生态中心进行了两次测试，结果都在标准范围之内。

公众的担忧并未消失，"舆论危机"也被看作一场"信任危机"。赵章元指出，这当中缺失了一个重要环节：公众对环保决策的参与。"建设六里屯垃圾焚烧项目，一定要告诉周边居民垃圾焚烧会产生二噁英，以及控制二噁英的方法是什么。"

要让全民养成垃圾分类的习惯

芳草青青，杨柳依依，小桥流水，亭台廊榭……初来乍到者，定以为到了哪家公园，而不曾想已置身一个日处理千余吨垃圾的大型垃圾处理中心——北京市高安屯垃圾填埋场。顾来茹指着高安屯垃圾填埋场的规划图向笔者描述愿景，垃圾填埋场将来要建成教育基地，酝酿高安屯垃圾处理设施对周边居民开放，组织他们来参观，2009 年开始做，全部建成后会是一个园林式的景观公园。

而朝阳区垃圾无害化处理中心则是争取列入"生态循环园区"。北京市政管委称，立足于北京今后 50 年的持续发展，将在东南西北各方位，适当集中规模，择机建设 4 个日处理能力超过 7000 吨的生活垃圾综合利用生态循环园区。

循环的关键就是"资源化"，比如焚烧发电、制肥等。但是以"综合利用"为代表的资源化却比不上"上焚烧厂"的速度。"比如制肥还没决定上不上，重要原因是我们没做到分类，垃圾成分比较复杂，肥料的品质难以确保。"

就在高安屯的"综合利用"因为垃圾分类的落后，只能限于"纸上谈兵"的时候，高安屯焚烧发电厂也在为分类而焦虑。运到焚烧厂的垃圾本应都是生活垃圾，但一些垃圾运输队图省事，建筑垃圾、农村地区的垃圾都倒进焚烧厂，结果有很多不能燃烧的垃圾，造成最后的排放指标难以控制，对设备也有很大损耗。为了让垃圾在进焚烧炉前先分类，高安屯焚烧发电厂试着跟朝阳区环卫部门沟通。"哪辆车的垃圾质量好，会做记录，如果不好，就及时沟通调换。已经做了三四个月。"

然而，全社会要做到垃圾分类，并非立竿见影。我国垃圾分类虽然已经实践 10 多年，但往往由于管理上的缺陷半途而废。同时，垃圾分类作为垃圾资源化的基础，需要一个比较完整的运作体系。垃圾车常常把许多家庭分类过的垃圾，又重新混合起来填埋。北京市政管委将从 2010 年起，将扶植和发展专业化、社会化的垃圾分类运输队伍。"要让全民养成分类的习惯，是一个系统工程，政府得下大决心。"赵章元说。

（原载于《瞭望东方周刊》2009 年第 29 期，有改动）

【手记】

垃圾围城的隐患日渐成为中国大型城市的困扰。笔者从 2009 年夏季北京垃圾处理面临的紧迫形势出发，讲述了北京在应对当前垃圾围城时选择的技术路径，更重要的是揭示技术路径背后政府在垃圾处理上的决策过程和出路，集中关注了决策中的难题：勉强维持的垃圾填埋策略及屡屡受阻的垃圾焚烧策略。通过对这一过程的剖析，凸显公众的参与已强烈影响到垃圾处理技术路径的选择。北京市政府在制定垃圾围城的决策过程中，不仅要考虑经济成本等因素，更重要的是要将公众的意见纳入相关决策中。

本篇报道采写前，有关垃圾焚烧厂的建设问题正在社会上引起极大争议。笔者首先接触了北京地区反对垃圾焚烧的六里屯居民代表和专家，深入了解他们的想法后，随即暗访，在高安屯垃圾填埋场进行初步调查。在与高安屯垃圾填埋厂、焚烧厂负责人的进一步正面接触、采访中，笔者发现不能再简单地描述焚烧的不合理，政府从填埋到焚烧的技术路径选择，有其特定的理由和背景。最重要的是就垃圾处理问题，在政府与公众之间需要搭建一个冷静沟通的平台。在此基础上，笔者与政府主管部门北京市政管委多次联系，获悉政府对于垃圾处理技术布局的真实考量，独家解读垃圾分类的可能性。报道最终呈现出的是对垃圾处理技术布局完整而冷静的解读。

报道发表后，引起舆论广泛关注。多家媒体如《人民日报》、中国新闻社、《科技日报》等及时跟踪报道。中国门户网站搜狐邀笔者就此主题策划了大型论坛活动"为城市垃圾寻出路"，引发网络热议。此外，笔者受北京市政管委邀请，与北京市民代表、政府代表举行座谈，深入交流垃圾焚烧问题上的争议，并明确了北京市在垃圾分类上将推出的新举措：每月的再生资源回收日。

唤醒沉睡的"城市矿山"

当废弃的电视、冰箱、手机以"垃圾"的形态堆积在我们周围时，谁能想象这将成为一座储有优良矿产资源的"矿山"。经过工业革命300年的掠夺式开采，全球80%以上可工业化利用的矿产资源已从地下转移到地上，并以每年100亿吨的数量增加。这些垃圾正形成永不枯竭的"城市矿山"。

"城市矿山"这个听上去有些陌生的概念，由日本东北大学选矿精炼研究所教授南条道夫提出。南条道夫从金属资源回收循环利用出发，把城市比喻成为一座可以进行二次资源开发的矿山。如今，引入中国，在矿产资源紧缺与环境问题日益凸显的情势下，"城市矿山"正在为中国循环经济的发展探索一种全新模式。

国家发改委副主任解振华表示，有效利用"城市矿产"资源，既可以替代部分原生矿产资源，减少大量矿产资源进口，弥补我国资源的不足；又能形成"资源—产品—废弃物—再生资源"的低碳、循环经济发展模式，对我国经济安全具有重要的意义。

城市矿产基地建设作为重大工程已经列入国家"十二五"规划纲要，"十二五"期间，全国将要建设50个"城市矿产"示范基地。同时，对示范基地建设给予信贷支持，特别支持符合条件的示范基地发行债券、申请境内外上市、再融资和利用国外资金，鼓励引导社会资金通过参股等方式投资"城市矿产"示范基地建设。目前，第二批"城市矿产"示范基地评审工作正在进行。

变废为宝的"城市矿山"究竟如何从国外引入中国？引入中国后，又面临怎样的际遇和挑战？

终于等来批示

直到2009年，随着席卷全球的金融危机爆发，一度被忽视的"城市矿山"被提上了中国政府的议事日程。

循环经济处郭启民处长告诉笔者，2009年3月，国家发改委领导带队参加全球第二次应对金融危机的高层研讨会。在这次由日本主办的研讨会上，日本提出"在应对金融危机中，日本要变资源小国为资源大国"。该口号一出，各国参会的代表一片哗然，甚至有代表在现场嘲讽日方在吹牛。

于是，时任日本首相请日本经济产业省负责人到现场发表了一个报告。该负责人告诉参会代表：日本四面环海，地势狭长，人口比较多，资源匮乏，的确是资源小国。为何又说是资源大国？因为现在日本的废旧资源不仅可以自给，而且可出口。比如日本现在很多电子产品等废弃资源都可开发，而且有基础来做此事。

日本电子产品中共蕴藏着6800吨黄金，将这些开发出来，不但可以自给自足，还可以出口。再比如铟，日本废旧产品里含有铟的量，占世界铟探明开采量的52％。在日本，铟不用开采原生资源，只要从废弃资源里去提取，其产量就可达到能控制国际铟价的规模。

报告结束不久，国家发改委领导带队参观了日本北九州的循环经济产业园，这里是以处理废旧家电为主的"城市矿山"开采基地。中国代表团看到这样的现场：废弃的家电产品成堆地放置在工厂的一角，巨大的叉式升降机快速运转，而它正在搬运的是从计算机等家电中分离出的电子底盘。这样的情景是"城市矿山"在现实中的演绎。

参观后，中国代表团成员、发改委环资司司长赵家荣愈发意识到：原生矿越开越少，而随着工业化的发展，能源需求越来越大，这将造成矛盾；世界上只有一种矿，资源越开采越多，就是"城市矿山"。

一回到国内，国家发改委领导就让发改委环资司协调内部的相关司局，抓紧时间研究日本的"城市矿山"。2009年5月，国家发改委向国务院递交了一份有关实施"城市矿山等十大工程"的建议书。虽然当初其中的某些说法还只是初步设想，但国务院领导很快就有了批示。第二年，中国首批7个"城市矿产"示范基地正式启动建设。

由"城市矿山"到"城市矿产"潜力巨大

国务院领导的批示之所以来得这么快，事实上，之前国务院领导就已经对"城市矿山"有了一些了解。金涌院士告诉笔者，在国家发改委递交"城市矿山"建议书之前,国务院领导刚邀请院士们开了一场咨询会,主要是谈"十二五"规划中的新兴产业,其中便谈到了"城市矿山"。

2009年4月,国务院领导邀请部分院士座谈。讨论的时候,围绕着圆桌,国务院领导坐在中间,各大部委的部长坐一边,院士坐一边。国务院领导坐下来就说:"我想听听你们的意见,'十二五'发展有一个大的抓手,既是新兴产业又能赚大钱,还有新技术开发,符合这些(条件)的产业,你们提一提。"

当时金涌就和其他院士商量:究竟讲什么?大飞机、生物技术这些产业的效益,一眼都能看得到。这次金涌决定提出点新的东西,有同等价值的产业,比如再生资源产业。这就提到了"城市矿山"。金涌记得,提出"城市矿山"后,大家的反映还不错,随即开始讨论,国务院领导表态说,这件事很重要。

在日本,铝矿99%都是废弃铝的再利用。目前,天然矿产储量"贫国"日本,仅黄金的社会资源储量就达6800吨,甚至超过了全球最大的黄金出产国南非的天然金矿储量。而对于中国,积聚了废旧资源的"城市矿山",究竟有多重要?

"最要紧的是,'城市矿山'对缓解国内资源瓶颈压力,有着巨大的潜力。"郭启民告诉笔者,当前我国仍处于工业化加快阶段,一方面,对矿产资源需求巨大,2009年钢消费量从2000年的1.4亿吨增加到5.3亿吨;另一方面,国内矿产严重不足,对外依存度越来越高,石油超过50%,铁矿石接近70%。

与此同时,我国每年产生大量废弃资源,如能有效利用,在替代原生矿产资源上有很大潜力。专家估计,2009年我国报废的电视、冰箱、空调等家电产品接近 9000 万台，手机 2 亿多部。单以手机为例，1 亿部手机中可提取 3 吨黄金，比天然金矿的含金量高得多。只要回收到 1.5 亿部，就能从中提取 3 ～ 4.5 吨的黄金。

有色金属方面的潜力很可观，根据有关行业协会统计，2009 年我国 10 种主要的再生有色金属产量约为 633 万吨，接近有色金属总产量的 24%，其中再生铜占到整个铜产量的 52%。目前，每年铜产量是 600 多万吨，300 多万吨是再生铜，产值可接近 1200 亿元。

以"城市矿产"为核心的再生资源产业总产值在 2008 年就已经超过 8000 亿元，2009 年超过 1 万亿元。环资司为战略性新兴产业做了一个节能环保产业规划，规划希望"十二五"期间在"城市矿产"的产值能够翻一番。

最值得期待的是再生钢铁的潜力。美国的再生钢铁比例是 70%，我国的再生钢铁比例只有 15% ～ 17%，2009 年全国利用废钢量为 8300 万吨。现在只要从 17% 上再提高 3 个百分点，就不错了。现在不好设定具体的幅度，但在"十二五"规划里写了一句，资源产出率要提高 15%，这些再生资源的循环利用率提高，可以直接提高资源产出率。

"城市矿产"在中国的潜力并不仅仅局限于废旧金属。郭启民回忆说，当初赵家荣司长认为，日本"城市矿山"的概念主要提出的是废旧金属的再利用，而我们要考虑到我们的国情和发展阶段，比如国内有大量废弃塑料包装物，1 吨塑料瓶需要消耗 6 吨石油，北京市一家公司在 2009 年有近 21 亿只塑料瓶，大概是 5 万吨塑料瓶，相当于需要消耗 30 万吨石油，而我国许多中小型油田一年的产量也不过就是 30 万吨，所以在中国特色的"城市矿产"开发中，还包含了废旧塑料、橡胶玻璃等。赵家荣要求不能照搬国外经验，要提出一个适合我国现状的对策，于是经过国内专家讨论，集思广益，最终提出了"城市矿产"的概念。虽然只有一字之差，但这个概念可以说是我们根据国情的创新。

随着时代消费的发展，北京、上海、天津、重庆等城市已进入电子电器产品报废的高峰期，报废的产品正在形成一座座富有的、沉睡的"城市矿产"。

"丐帮"回收模式将改变

日本的企业，10 年前就开始着手在其国内布局开发城市矿产资源；而中国的企业，面对长年沉睡的"城市矿产"，更多执着于煤矿、金矿等原生矿山的开采，且不惜舍近求远地跑到境外找矿。

显然，多数国人尚未理解"城市矿产"的价值所在，但决策层已然发力。从 2010 年起，国家发改委提出在全国范围内实施"城市矿产"示范基地工程。

郭启民介绍说，从中央来讲，主要是加大资金投入，2010 年财政部对于第一批国家城市矿产示范基地建设，拿出了专项资金 10 亿元，现在又有了支持循环经济发展的投融资政策措施意见，准备在金融产品、贷款、融资上给"城市矿产"相关的资源回收利用企业一些优惠和支持，下一步就是投融资和税收政策的优化。

2010年8月选中的第一批示范基地原本已是国家循环经济试点，再生资源量大，进入试点的门槛都在150万吨。截至2010年年底，这7家示范基地再生资源总量已达443万吨。

在中国物资再生协会秘书长高延莉看来，"城市矿产"在中国还有着更为深远的基础。废旧资源的回收再利用领域，在中国早已形成一定的产业基础，民间说法就是所谓的"丐帮"，是对开发者一种更加通俗的说法。

"城市矿产"开发的核心领域是废旧金属的循环利用，早在20世纪50年代就由邓小平亲自批示，在国家计委旗下成立了专门的国家金属回收局，负责回收有色金属、废钢等废旧金属。曾在国家金属回收局任职的高延莉表示，那时的废旧金属回收都是通过计划调拨、计划分配在一个地区内进行，一切都在政府的高效管控中。

20世纪80年代末，随着改革开放的浪潮，生活用品极大地丰富起来，对塑料、家电的应用已经渗入人们生活的方方面面，回收已不仅仅限于废旧金属。为了更加贴近时代的需求，国家金属回收局改为物资再生利用总公司，将废塑料等也纳入回收范围。

到了1999年，随着计划经济的逐渐淡化，废旧资源的回收利用开始脱离国家的宏观调控，在全国范围内开始资源大流通。其中最明显的，就是对报废汽车的回收利用。

"20世纪90年代末，汽车的报废量逐渐增大，那时回收汽车还需要国内贸易部签发的资格证，但当时已经管不住。老百姓自己做起来，地方政府一看，这也算是地方经济，就先做。结果，报废汽车不送到正规企业去了，自发地出现一个又一个无证的回收旧车市场。"高延莉说。

在甘肃、河北和陕西的边远地区，废旧汽车的回收市场可谓遍地开花。高延莉发现，甘肃地区的一些乡镇，十里八街都是拆解废旧汽车的小作坊，家家户户都忙着在门前拆汽车。

"那是非常原始的拆解方式。屋前脏得没法下脚，后边扒个窝就睡觉、住人。我们觉得没法在那生活。但是，当地老百姓觉得很值，因为利润高。当时一台报废的小车，一般2000元回收，重新喷一下漆，就可以把车再卖出去，最低3万，最高能卖8万。"高延莉说。

正规的回收物资企业会将回收的旧车压成废钢。而报废车在这些小作坊，摇身变为如同变形金刚一般的拼装车。当时，出现了不少车毁人亡的事故。调查发现，出事故的都是报废的拼装车。

种种问题最终被写成报告反映至国务院，时任总理朱镕基做出了相关批示，河北等地的废旧汽车无证回收市场相继被取缔。

如今，中国废旧资源回收利用中简单、低附加值的"丐帮"模式，依旧还在维持着，大量的环境污染以及安全性问题仍然存在，而"城市矿产"的运作将对这种原始模式产生一定的冲击，并使其在某种程度上有所改变。

"拾荒大军"的挑战

正在推广的"城市矿产"示范基地，虽然也是做废旧物资回收再利用，但并不同于以往的废物回收利用机构。它不是对废弃资源进行简单的拆解、打包，而是要通过一定高门槛的专利技术，对废弃资源高效利用，生产高附加值的产品。

"'城市矿产'示范基地的很多技术已经超出国外，甚至日本、美国。宁波金田产业园自主产权的再生铜熔炼炉，充分考虑了防止二次污染问题。他们进行了深度资源化，把熔炼炉的管子改成内螺纹，又把铜做到电子级别的再生铜，别人的铜管8万元一吨，他们的铜管10万元一吨。"郭启民说。

在日本，汽车拆解还是用人工，拆解以后压成一大块。现在万荣科技股份有限公司开发一种拆解机器，像鳄鱼似地咬下去，汽车出来以后分解出一块块铜、铁，由电脑控制，基本全部实现机械化。

于是，高技术门槛成为"城市矿产"的新标志，它不再是"小打小闹"地、分散地由单个回收企业运作，而是要求资源利用规模化，形成分拣、拆解、加工完整的产业链条，并在废弃物收集处理中采取严格的环保措施，防治二次污染。

"现在的目标是将可利用的废旧资源全部收到正规的、深度资源化的城市矿产基地里面去，不要分散地流到个体收集者手中，那样价值不高。"郭启民表示。

这意味着，废旧资源的处理将实现最大程度的集中化，实现这一目标首先要解决的是稳定的废旧物资来源。否则城市矿产基地刚一开张，就会收不上来东西。

目前最大的问题就是，国内回收体系比较分散。这是一个民生问题，在各大城市的"拾荒大军"约有2000万，都是靠收废旧品吃饭，因此不能简单地取消分散的回收点。"我们希望多渠道回收，集中分类加工，规模化、高值化利用。只是，城市矿产基地和分散的回收点之间可能会形成竞争，分散的回收点未必会把废弃物资送来。"郭启民说，基地要想有稳定废旧资源的供给，可以自己建立一套回收体系，但应意识到和现有社会回收体系衔接，充分利用好现有回收体系更加重要。有一些可能需要政府来出面协调，统筹规划，合理调配资源，这正体现了政府部门在循环经济发展中的引导作用。

对于"城市矿产"，在国内资源回收不足的现状下，不少专家建议中国可以适当参与再生资源的国际大循环，允许进口国外的废旧电器、金属等。然而，进口的举措，在国家宏观层面相当谨慎，因为洋垃圾污染的阴影挥之不去。

"过去暗渠道出了问题，干脆很多再生资源就不让进口。我们在咨询会上跟中央领导讲，不能因噎废食，参与大循环，必然要引进，引进有污染，可以事先建立制度，把不该有的污染截住。"金涌说，现在情况似乎有些新变化，商务部在讨论这个问题。过去大家都觉得应该做，但都嫌麻烦，都不愿意管，比如检疫是卫生部的事，商务部做不了，这样部与部之间就需要协调。咨询会上跟中央领导谈完之后，又开始组织重新研究"进口措施"了。

进口废旧金属等再生资源，目前还是比较敏感。今后可考虑在严格监管的基础上，适当地进口战略性资源，甚至将废旧资源在国外初级加工后再行进口。

（原载于《瞭望东方周刊》2011 年第 32 期，有改动）

日本循环利用体系考察记：垃圾去哪了

走在东京街头，像是进入一幅漫画，街道、店面和楼宇之间没有多余杂物，一切泛着簇新的光泽，路面干净到难以看见一片纸屑。奇怪的是，洁净的街道上，甚至进入商场等室内公共场所，也没有垃圾桶的踪影。初来日本的游人难免好奇：垃圾都去哪了？

"城市不可能不产生垃圾，只是垃圾的资源化和循环利用在日本进行得比较彻底，垃圾都被人们随身带走，或放在家里定期回收变成资源了。"把这个问题抛给日本环境省综合环境政策局环境经济课课长辅佐冈崎雄太，他坦言，目前日本的人均垃圾排放量远低于世界水平。

在冈崎雄太的解释中，东京"看不见垃圾"的城市景象，正是得益于日本多年来建立的垃圾循环利用体系。这一体系的有效运行，则建立在各种资源循环法组成的法律框架基础之上。凭借于此，日本向国外不断输出垃圾处理的经验。近年来，在垃圾围城的困境中，中国的北京等大型城市正不断汲取着日本的垃圾处理经验。

分类之后变资源

"混在一起是垃圾，分类之后变资源"是日本市民的口号。

每一个日本家庭也在日常的生活中不断践行着垃圾分类的理念。

年逾50岁的铃木女士家住东京。"回收垃圾的日子很重要，周一是收杂物，周三是收可燃烧垃圾，周四是收罐头、瓶子等，周五是收报纸、杂志，周六是收有机垃圾。一旦分错，就会遭到周围邻居的蔑视。"铃木一字不差地背诵起固定垃圾回收日，并告诉笔者，当垃圾在家里的存量过多，就会送到超市的回收箱。超市里的垃圾回收箱，都是可进行资源分类的垃圾箱，用脚一踩，易拉罐就压缩成扁的，可以扔进去。

"现在，日本在路上的垃圾桶很少，通常垃圾全部都会带回家去。强制买垃圾袋的措施，使得东京市民为避免多付钱买垃圾袋，会主动减少垃圾的排放量。"铃木女士解释道。

同样住在东京的二宫女士，在厨房灶台的旁边放置了超大型的垃圾箱，打开后是一排排整齐的抽屉，抽屉里的不同区域贴着标签，分别用来放置保鲜膜、泡沫、玻璃瓶、易拉罐、塑料瓶、塑料盒。此外，家里还准备了纸袋专门放报纸、一般性废纸，另有一个房间放玻璃等制品。"报纸装满后放在家门口，报社给你发袋子，还会赠送你T恤、卫生纸。现在除了饭菜，日本垃圾回收都要收费，因为都可以再生利用，比如洗手间的纸是用牛奶的纸袋来制作的。"

东京的垃圾分类达到十几种，而在日本其他的地区如名古屋，垃圾分类的种类多达20多种。日本市民垃圾分类的习惯并非自主养成，据了解日本地方政府会将垃圾分类表发放给每一个市民，帮助每一个人正确地做好垃圾分类。

不仅如此，还有专门针对留学生的中文，有些地方政府还会制作垃圾分类一览表以及垃圾分类的小册子。小册子像字典一样，包括物品名称、查找分类方法等内容，这些资料会发给所有家庭，让大家根据上面的信息确认怎样分类、星期几回收。

《容器包装回收利用法》修改前夕起争议

垃圾分类仅仅是日本垃圾循环利用体系的一大环节。而日本垃圾问题的解决，最根本的动力和保障来自资源循环法，特别是2000年制定的日本循环性社会形成推进基本法。

20世纪70年代，日本经济进入高速发展期，垃圾急剧增加，垃圾的回收利用提上日程。其中，罐头饮料销售量增加3倍，自动售货机在日本是50个人一台。20世纪90年代塑料制品产量更是翻了一番。1971年日本制定了废弃物处理法，对产业废弃物进行界定，明确了企业的责任。垃圾处理厂短缺，大量资源消耗导致资源枯竭的问题产生。对此，日本制定了容器包装、家电等各种资源循环法。

据3R包装协会会长中井八千代介绍，塑料制品最初采用填埋空地的方式处理，但是利用的土地很快没有空间了，填埋的垃圾60%都是饮料的塑料瓶和容器，日本人开始考虑减少垃圾的排放量，1995年日本制定了《容器包装回收利用法》。

为了系统地解决垃圾问题，2000年日本出台循环性社会形成推进基本法，从而确立了日本循环型社会的基本原则。

循环型社会的基本原则是3R的概念。3R原则是减量化（reducing）、再利用（reusing）和再循环（recycling）三种原则的简称。3R 原则中各原则在循环经济中的重要性并不是并列的。首要的是减少垃圾，从源头上对于会成为垃圾的东西，尽量不去生产。

伴随着循环型社会，日本的各类资源循环法并没有停留在成功的路径依赖上，而是以不断反省的精神迎来新的变革。2014年秋季，日本对《容器包装回收利用法》进行第二次修订。为了让政府的第二次修订更加完善，日本的民间呼吁政府根据循环法的基本原则进行修订。

现有的《容器包装回收利用法》有何问题呢？中井八千代告诉笔者，根据 3R 原则，首要是做到垃圾减量，但是现有《容器包装回收利用法》并没有采取优先顺序，而是以回收利用为主。

更为关键的是责任和成本的分担问题，现有容器包装的回收费用，大部分由地方政府征收的税款来支付，而不是企业来承担，这就导致了厂商承担的责任较轻。

"按照 3R 的概念责任，必须要求生产厂家自己实现循环利用，即设计产品的时候，企业就要充分考虑循环利用的责任。日本国内无论哪种垃圾都是根据循环利用制定的标准进行回收的，成功地减少了垃圾的排放量，生产的时候也要充分考虑材料的可回收性。容器包装生产的时候，没有包括循环利用的成本，现在改革要求消费者方面承担这个费用，那么商品的价格就会提升包括循环利用的费用，这会促使厂家方面对循环利用寄予充分的考虑。"中井八千代说，通过日本 200 个人的共同努力，已经形成相关的市民提案。

循环利用观念的渗透

分类后的垃圾去哪了？在位于札幌市的中沼资源区选别中心，笔者完整地见证了日本循环处理垃圾的机械化流程。

"札幌市有190万人口，一年产生3500万吨的瓶罐，该中心年处理瓶罐的能力在2500吨。"中沼资源区选别中心所长栎木计宏告诉笔者，在札幌市，各种瓶子、罐子、塑料瓶是放在同一个塑料袋送达垃圾站的。周一到周五每天都有垃圾送来，每天近100吨，但中心一天只有80吨的处理能力，所以经常集中到周末处理。选别中心从早上8点半工作到晚上9点，每工作50分钟休息10分钟，这种循环共有11次。

回收的卡车和垃圾进入选别中心后，首先称重，随后即可根据指示标记，进入卸货槽，卸下来后，进入传送带，铁丝把塑料袋破碎，取出垃圾。此时，因为垃圾里仍有些危险品和无法燃烧的东西，在以零排放为目标进行处理的条件下，对于无法利用的垃圾，必须首先采用人工的方式进行筛选，拣选出资源包括白色的玻璃瓶、咖啡颜色以及其他颜色的玻璃瓶、塑料瓶、铝罐。"机械化并不能解决所有问题。"栎木计宏说。

可利用的资源进入机械化选别的阶段后，以各种手段实现高效率。比如铝罐是通电的，传送带附近发生磁电，铝罐就飞到前面，筛选出铝罐和塑料瓶；再用磁铁，筛选出铁罐，以强风将轻重塑料品进行区分。

选别有着超乎严格的规定，废弃瓶罐不仅要按照不同的性质分类选别，而且要进行瓶身、瓶盖、标签的选别。《容器包装回收利用法》规定，带有盖的塑料瓶只能控制在 20% 以内，而札幌市区有 30% 的塑料瓶是有盖的，所以对中沼选别中心而言 10% 的瓶都要取盖。

一切机械化程序完成后，栃木计宏总是满足地看着各种收集好的资源，分门别类地运输出去销售给相关公司。干燥完的塑料粉末通过管道就近输送至选别中心附近一家加工厂，加工成为很薄的塑料垫子，还制成不同的产品包括衣服、汽车垫、装食品的各种塑料盒。"白色和咖啡色的玻璃可以再利用做成玻璃。其他颜色的玻璃可以做成玻璃纤维、建筑材料。我们未来的目标是能处理 4000 吨瓶罐"。栃木计宏说。

在日本，垃圾循环处理的责任不仅由这类专门化的机构承担，普通的生产商也自觉地履行着这一责任。在位于京都的三得利啤酒生产厂区，记者了解到厂区内的垃圾资源化利用率几乎为 95% 以上，循环利用的种类达到 36 种，甚至该厂员工所穿戴的员工 T 恤、裤子、夹克衫均是用三得利厂生产的塑料瓶回收后制成。

其实，循环利用已经成为日本市民的观念，深深渗透在日常的生活习惯中。二宫女士的婆婆家住日本九州的鹿儿岛。对待废品垃圾，这位年逾 80 岁的日本老太太与丈夫自发地想了好招数。他们在自家的院子里放置一个垃圾粉碎机器，平时将剩菜、剩饭倒进去，第二天一早起来生活垃圾就变成了干燥的肥料，他们将这些有机肥料施在地里，种花种草，不亦乐乎。

（2014 年 7 月，笔者作为中国环境报道工作者赴日代表团成员，赴日本东京、京都、札幌、大阪考察日本循环利用体系。此文成稿于此次考察。）

人迹罕至的青藏高原也躲不过人类行为的影响/作者李静摄于青海省玛多县境内

第七章 选择题

中国社会对于环境问题还有多少宽容度？国内近年来在环境问题上采取的措施数量大幅增加，但是否只是装饰门面？

环境事件频发背后的玄机

2010 年这个夏天，从大连新港原油泄漏到紫金矿业水污染，再到滔滔洪水中不断发生的化学品泄漏事件，频繁发生的环境事件让国人的神经重新紧张起来。7 月底，彭博新闻社发布信息称，2010 年前 6 个月中国的环境事件上涨 98%。一时间，人们对于中国能否在经济发展的同时不触发更多环境灾难产生担忧。

笔者就此致电国家环保部。环保部应急中心首度回应称，2010 年 1 月至 7 月份，环保部共接报并妥善处置突发环境事件119 起，比去年同期增长 35.2%。

"当前，我国正处于突发环境事件高发期。环保部接报的突发环境事件数量整体上呈递增趋势。"该中心同时表示，2006 年至今，仅环保部直接调度处置的突发环境事件就高达 705 起，平均两三天就有一起，一些历史上未曾发生过或是几十年上百年一遇的环境事件，出现的频率越来越高。

环境事件频发背后究竟隐藏着怎样的玄机？

身份尴尬的地方环保部门

2010 年 7 月 16 日，当国人还在为发生在墨西哥湾的英国石油公司（BP）漏油事故大感担忧，中国大连新港发生的一起输油管线爆炸事故，将国人的视线拉回到了自己身边。虽然两起事故中的溢油数量远不可比，但是在环境问题的价值观意义上，敲响了同样的警钟。

眼下，能源和矿产需求的急剧增长导致了河流污染和漏油事故屡屡发生。这从根本上表现为，中国快速的经济发展与环境承纳能力之间的矛盾日益加剧，且逼至拐点。环保部应急中心指出，2010 年 1 月至 7 月共发生的 119 起突发环境事件中与能源、矿产相关的河流污染和漏油事件 21 起，约占总数的 17.6%。在这些事件中包括了年初中石油公司兰郑长成品油管道渭南支线柴油泄漏事件，以及福建紫金矿业泄漏污染汀江事件、大连输油管道爆炸引发海洋污染事件等。

"严格说来，许多污染事件尤其是重污染事件都不能称为突发环境事件。因为不是一朝一夕形成的，而是长期积累和得不到有效处置的结果。"环保部应急中心表示。

紫金矿业是这方面的典型代表。早在水污染事件曝光之前，紫金矿业就已经因严重环保问题未按期整改，被环保部数次点名。2010 年 5 月，环保部发文严厉批评 11 家存在严重环保问题的上市企业，名列榜首的正是紫金矿业。

紫金矿业为何屡批不改，甚至在事故发生后瞒报信息超过一周时间？不少公众在网络论坛中质疑中国环境立法不足导致对大型企业无法追究环境责任。事实上，中国环境立法在世界范围看是比较完善的，但是具体执行，显得力度不足。

环保部政策法规司副司长别涛告诉笔者，早在 20 世纪 90 年代，环保部、公安部、最高人民检察院就联合发过一个文件，明确要求涉嫌环境违法犯罪移送司法机关。也就是环保部门在检查污染企业之后，构成环境犯罪的要及时向检察院、公安机关移送。

然而，这些条文到了地方，常上演一场"变形记"。

"像紫金矿业这种大企业绝不是环保局想移送就移送的，要听当地组织部门和更高的机关来决定。要知道，这个企业在当地缴税多、贡献大，当地很多人在这里拿钱，大家并不理会环保部门。听说这个公司给当地有关部门领导都发钱了。有些领导紧接着就争相到这个企业去做顾问。"别涛指出。

地方政府和大企业之间盘根错节的关系，令不少地方环保部门在追究违法企业责任时，作为的空间相当有限。而地方官员盲目追求 GDP 的冲动，令地方环保部门在执法中不可避免地陷入一种身份的尴尬。2010 年 6 月，安徽固镇 6 名环保干部因为按时检查污染企业，被指太过频繁而影响招商，最终全部遭到停职。

"环保部门还存在另一种身份的尴尬。"中国政法大学环境资源法研究所所长王灿发认为，当一个企业被追究环境责任时，环保部门往往也会被追究，因为有一个环境监管失职罪。在这种情况下，环保部门因为担心"拔出萝卜带出泥"，自然不会积极地移送违法企业。"紫金矿业这样的都是环保部去点名的，地方根本不敢去点名。"

面对地方环境监管的虚弱无力，发生事故后，大的企业领导人往往受到地方政府的袒护，如果罚款，还比较容易，但要真正追究刑事责任，阻力特别大。

到底罚多少

在大连海域，此前已发生过多起重大船舶溢油污染案件，原油清污耗费大量人力物力，给海洋生态环境造成的损失更是难以估算。但是，肇事者受到的最高处罚也不过区区 30 万元。可以说，不少工业企业明知故犯，正是由于中国企业在造成环境灾难后，在经济上付出的代价几乎可以忽略。

"现在罚款确实比较低。造成海洋环境污染的，最高才罚 30 万元，这也是因为海洋污染方面法律制定得早。2008 年修订的《水污染防治法》，罚得就高一些，重大环境事故按照造成经济损失的 30% 来处罚。"王灿发说。

尽管按照《水污染防治法》，处罚是按 30% 算，而且没有上限，但是基于各种原因，大连漏油事故、紫金矿业污染到 2010 年 8 月 20 日止，都没有听到消息说因为环境问题而进行罚款。

为何相关处罚特别是罚款迟迟未能落实？曾参与大连湾漏油事故处理内部讨论会的一位环境专家向笔者指出，现在的问题在于如何处罚大连漏油。对国家海洋局或环保部而言，两难的选择是到底罚多少。要罚 100 万元，就是认定 300 万元的损失。罚 1000 万元，就是认定 3000 万元的损失。这其中有点矛盾。认定少了、低了，舆论上就有压力；认定多了，也不知道高层有什么其他说法。"实事求是说，判定罚多少，并不困难，环保部门第一时间的数据资料全部都有，但是哪怕是按全部资料计算出来的最下限处罚，也是一个很高的数额。从墨西哥湾的漏油事故当中，也能感受到损失赔偿的额度。因此，现在也就迟迟看不到处罚。"该专家进一步指出。

处罚迟迟未能落实的同时，2010 年 8 月初，中石油大连石化分公司召开了一场"7·16"火灾事故抢险救援表彰大会。据该公司职工反映，本该承担事故责任的相关单位和个人，成了功臣。尤其是负责该原油罐区生产管理、安全管理、消防的部门和负责人，都成了表彰重点。

这种内部表彰的做法，着实欠妥。"还没分清责任，自己内部先开表彰会。以前也出现过好多这样的，为了捂盖子进行表彰，似乎一称为英雄，就不会有人去查证了。"王灿发说。首先要及时查清、公布事故发生的真相，处罚相关责任人，给公众一个交代。

除了经济层面的处罚力度不够。环保部应急中心表示，随着我国环境污染尤其是工业污染问题日趋突出，1998 年修订的重大环境污染事故罪在对一些严重环境污染的行为进行定罪处罚时，在量刑方面力度显然偏弱。

重大环境污染事故罪，最多处 3 年以上 7 年以下有期徒刑，2009 年以前，我国在对环境污染事件追究刑事责任时，均以重大环境污染事故罪追究犯罪嫌疑人的刑事责任。

直到 2009 年盐城"2·20"水污染事件中，我国首次以"投放危险物质罪"对环境污染事件责任人进行了刑事处罚。该罪刑罚明显加重，可处以 10 年以上有限徒刑、无期徒刑乃至死刑。"2·20"水污染事件中的两位主要责任人分别被判处了 10 年和 6 年的有期徒刑。

敏感地区集中过多化工石化产业

2010 年 7 月，吉林省永吉县内两家企业的库房被洪水冲毁，大约 7000 只物料桶进而流入松花江流域。一时间，社会各界开始高度关注这起暴雨侵袭下，由洪水引发的有毒有害化学品泄漏事件及其环境污染。

对此，环保部应急中心表示，进入汛期以来，我国部分地区的持续降雨，造成严重的洪涝灾害，由此而引发的突发环境事件频频发生。仅 2010 年 7 月至 9 月，环保部接报并妥善处置的由极端天气引发的突发环境事件就有十几起，目前这个数字还在增加。

发生较多的洪水灾害只是引发化学品泄漏的一个外因，真正起决定作用的是我国的环境风险在积累。中国的环境风险已积累到相当大的程度，一遇到不利的自然条件，就会发生事故。只要在发展上没有摆脱重化工的模式，高环境风险会一直持续。

也正是在这样的模式下，诞生了规划层面的问题。一些敏感地区汇集了过多的化工石化产业。所谓敏感地区，包括重要的水源地和人口密度比较大、生态环境敏感程度比较大的地区。

"我国化工行业布局确实不尽合理，历史遗留的和新产生的布局性环境风险隐患并存。一些地方不顾资源环境条件，推动重化工业的发展，争相新建、扩建化工石化区，有的化工园区环境风险已经很高但仍在加速扩张。"环保部应急中心对笔者表示。

2006 年，原国家环保总局组织对 7555 个化工石化开展环境风险排查，结果显示：各地排查出环境危险源 3442 个，很多项目都涉及环境敏感区，项目周围 5000 米内有城镇的项目有 2489 个，占 33%；在江河湖海及水库沿岸的有 1354 个，占 18%；布设于水源取水口上游或自然保护区、重要渔业水域和珍稀水生物栖息地附近的有 359 个，占 5%。

值得关注的是，2010 年夏季的洪灾中，频发被冲毁而引发环境事故的尾矿库，正在等待一场规划和管理上的大整治。环保部环境规划院水环境规划主任李云生告诉笔者，"十二五"规划中有一个专项规划已经将尾矿库的治理纳入其中。

长年考察水污染问题的公众与环境研究中心主任马军对于尾矿库的整治有很深的期待。长年在西部很多大山峡谷里行走的时候，他发现一个类似水库的尾矿坝——黑乎乎、蓝乎乎的一大池子水，在其中的任何生物都不能生存。矿渣和废液都排在里面。那些地方山高谷深，又高居于水源地上游，堆积的这些危险物质一遇上暴雨，一库毒水就进入了江河。

随着矿业遍地开花，大江大河的尾矿库问题也越来越多。"譬如，黄河上游包头稀土产业的尾矿含有很强的放射性，如果发生问题，那么多放射性物质就堆在那里，日积月累已经上千万立方米，这是非常恐怖的定时炸弹。2008 年，山西省临汾市襄汾县因为一大库的尾矿倾斜下来，一下子死了 200 多人。这些矿山都处于比较偏僻的地区，进入困难，监管就更弱了一层。"马军说道。

当务之急是补充社会监督力量

环境事件频发的态势，究竟如何逆转和改变？绿色和平水污染防治项目主任马天杰对笔者表示，政府对环境监管的力度有限，恐怕一时难以奏效。在这种情况下，需要更多的社会力量去辅助政府部门，加强对企业的环境监管。而社会监督的前提条件是要有信息公开。值得庆幸的是，政府部门近几年在这个方面有所进展，开始把更多的环境信息告之公众。

实际上，目前的证券法、证监会部门规定及环保部有关加强上市公司环保核查的意见里，都有环境信息披露的要求。环保部还出了一个意见，列举了在上市公司披露的信息中应该披露的环保信息。这些都是强制性的披露。

但是，对于环境信息的披露，别涛表示，环保部门现在还没有监管的手段，监管是在证监会。"实际上，2008 年在做上市公司环境信息披露的时候，本来准备两家联合发一个文，结果没做成。现在指望更多社会的力量参与监督，环保部也正在努力，希望未来能参与监管。"

"通过信息公开，让社会的其他力量参与到监督中来，有助于弥补政府监督力量的不足。"马军说，这是应对环境事件的当务之急。

（原载于《瞭望东方周刊》2010 年第 37 期，有改动）

【手记】

2010 年整个夏天，从大连新港原油泄漏到紫金矿业水污染，再到滔滔洪水中不断发生的化学品泄漏事件，频繁发生的环境事件让国人的神经重新紧张起来。而这一切的背后并非简单的天灾因素，更多的是人祸，其中确有值得反思和总结的教训。

新闻最大的力量是发现事件表层下看不到的真相。笔者从公众最关注的突发事件入手，采用鞭辟入里的手法，从法制漏洞、政府监管失职、规划不合理等多个层面，剖析了夏季环境事件高发的实质性因素。尽管是对背景、原因进行深度剖析，文章的观点隐藏在充满动感的事件报道之下。本篇报道从环保部应急中心获得了一份独家的环境事件统计数据，从宏观上展现了全国范围内环境事件发展的形势。

环境公益诉讼破冰

2012 年 3 月 7 日，全国政协常委、民革中央副主席、最高人民法院副院长万鄂湘公开透露，目前正在谋求在民事诉讼法修改时增加环境公益诉讼的相关条文。"环境公益诉讼的瓶颈就在于立法，立法不突破，下面很难推动。"

随着民事诉讼法修改草案公布日期临近，环境公益诉讼的立法期待再次变得强烈起来。如果公共环境遭到破坏，谁有权利来维护？该问题在西方国家已通过环境公益诉讼法律的健全逐步得到解决，而在我国却仍然是一个问题。按照我国《环境保护法》的规定，一切单位和个人都有保护环境的义务，并有权对污染和破坏环境的单位和个人进行检举和控告。

"每一个人只是貌似都有资格提起环境公益诉讼，实际操作中却没办法那么做。"中国律协环境与资源法专业委员会主任委员汪劲告诉笔者，"检举和控告"只是宽泛的概念，类似于向公权机关"报告"，与立法上的"诉权"并非同一性质。此外，我国《民事诉讼法》和《行政诉讼法》都要求，原告与诉讼的利益有直接利害关系，而环境公益诉讼的目的多是为了保护公共环境利益，原告往往与案件本身没有直接利害关系，因此法院常常可以"理直气壮"地拒绝受理环境公益诉讼。

"大量的公共环境利益受损，却少有人提起诉讼。"中国政法大学环境资源法研究和服务中心主任王灿发表示，作为公益诉讼突破的核心领域，眼下首先要解决的就是原告的主体资格问题。简言之，即由谁来提起环境公益诉讼。

检察机关做原告是一种妥协

模糊的法律规定让环境诉讼主体陷入迷局。现行民法、行政法有关"起诉资格"的规定，甚至是让环境公益诉讼成为一种逻辑上的"不可能"。

立法的困局未能阻挡环境公益诉讼制度在地方的探索。在试点中，贵阳、无锡两地不再局限于传统的"直接利害关系"要求，尝试放宽公益诉讼的主体资格。

贵阳市规定"两湖一库"（贵阳市红枫湖、百花湖、阿哈水库的简称）管理局、环保局、林业局、检察院4家单位具有诉讼主体资格。无锡则进一步将环保社团组织、居民社区物业管理部门也被纳入。在现行法律放宽诉讼主体资格前，上述两地的做法被认为是对环境公益诉讼制度的强力突破。

无锡市环保审判庭庭长赵卫民告诉笔者，无锡环保法庭从成立之初，在本质上对所有的普通公民在诉讼资格上都是放开的，"法院内部是这么理解的，不过落在纸面上，这一点并没有写明。因为上级法院态度依然不明朗"。

"直到现在，最高人民法院唯一开的口子，就是2010年发的一个文件属于司法解释，写明环保行政机关可以作为环境公益诉讼的原告。我们现在走的还是先行先试的路线。"赵卫民说。

尽管环保法庭创立时确立了多个原告主体，但无锡市环保法庭最初还是确定"以检察院为主"。"这样的选择是妥协的结果。"赵卫民告诉笔者，当时接到一些案件，看上去像是环境公益诉讼，实际上是打着公益诉讼的旗号为某个利益主体要钱。此时，检察院作为原告更大的好处是"防止滥诉"。

"检察院作为国家机关最不可能代表私人利益，同时宪法也规定它有控告、检举、揭发的权利——它不是最好的原告，但是目前最恰当的。"赵卫民说。

然而，学界和司法界对于检察院的原告资格始终存在争议。汪劲认为，在检察院判断、筛选案件的过程中，执行的是怎样的判断标准这一点并不明确。"如果明明是公益诉讼案件，检察院不起诉怎么办？在人员、编制、财政收入依附于地方政府的前提下，检察院的选择可能不是依据法律做出的选择。"汪劲说。

赵卫民承认，从目前来看，检察机关作为原告发起环境诉讼"没有太多的积极性"，毕竟检察院没有专门机构、专职人员负责这方面的工作，再加上检察院也不具备搜集环境公益诉讼证据的能力。"更主要的原因是，检察院是监督法院的机构，怎么可能有兴趣担当环境公益诉讼的责任，去和法院平起平坐呢？虽然各个地方都在鼓励检察机关做环境诉讼，但要放下架子来做很难，身份上有点尴尬。最多做一两起案子，示范一下就好了。"

鲟鳇鱼、太阳岛、松花江没有当成原告

为了真正做到"放宽资格"，无锡、贵阳两地的环保法庭试

图建立"一切为环境公益诉讼而准备的进出渠道"，包括法院的立案规则、审判规则、提起公益诉讼人的条件等。这项工作被赵卫民形容为"像是造房子"。

然而，"造好的房子"却并没有等来"房客"。自2008年5月成立后，无锡环保法庭受理的环境民事公益诉讼案件数为零。一直到2009年上半年，仍然没有任何突破。

云南、贵阳的环保法庭也面临着同样的局面：零诉讼。昆明环保法庭甚至在成立后近20个月"无案可办"。尴尬的局面与环保法庭成立之初法学界和环保界的热切期待形成鲜明对比。地方试点陷入反思。"案源非常少。这让环保法庭意识到，对老百姓'滥诉'的担忧其实没有必要。"赵卫民说，环境诉讼真正的动力来源其实就应该是老百姓。

为了打破零诉讼的局面，环保法庭转变态度。"只要老百姓认为造成了环境污染，带来不安全因素，就可以提起诉讼，不需要举证，而且诉讼费用全免。结果同样也没有收效。"赵卫民说，表面看似乎是公民的环境公益诉讼观念薄弱，其实更深层的原因是我国目前相关立法的问题，导致普通公民在环境公益诉讼上面临诸多障碍。

对这些障碍，汪劲有着深刻体会。2005年11月13日，中国石油天然气股份有限公司吉林分公司双苯厂的苯胺车间因操作错误发生爆炸并引起大火，导致100吨苯类污染物进入松花江水体。12月7日，汪劲与北京大学教授贺卫方、甘培忠以及北京大学法学院3名研究生代表松花江，发起了一场司法界公认的最具典型性的环境公益诉讼案。

作为法律专业人士，汪劲等人深知严格按照《民事诉讼法》"直接利害关系"的规定，仅以北京大学师生作为原告可能不被法院受理，于是他们引入自然物"鳇鲟鱼、太阳岛、松花江"作为共同原告，构建一种新的"直接利害关系"，要求法院判决被告赔偿100亿元，用于设立松花江流域污染治理基金，以恢复松花江流域的生态平衡。

然而，汪劲等刚到哈尔滨，一位黑龙江省高院内部人士就向他们发出感叹："我们自己都没起诉，大雪纷飞的，你们千里迢迢跑来干吗？这案子的余地不大。"

黑龙江省高院立案庭在得知诉讼情况后，并未接受原告代表向法院递交的诉状及相关证据，立案庭主管法官苦苦劝说原告代表："本案与你们无关，目前本案不属于人民法院的受案范围，一切听从国务院决定。以后来讲课什么的都行，但这个案子不能做。"

按照《民事诉讼法》规定，对于在程序上不能受理的诉讼，必须依据法定理由出具裁定书，而上述法院给出的只有口头拒绝。汪劲等一再要求，法院仍未受理。令汪劲等更为感慨的是，法院拒绝的理由并非事前预料的"原告不适格"，一场环境民事公益诉讼案被政治化的思维和处理方式"封杀"了。

"只能当庭撤诉，但这样也达到了目的"

2009年7月，在经历了一年多的漫长等待后，无锡市环保法庭终于正式立案受理了第一起环境公益诉讼——中华环保联合会诉江阴港集装箱有限公司环境污染侵权纠纷案。

这场环境公益诉讼的原告是中华环保联合会。中华环保联合会法律中心督察诉讼部主任马勇告诉笔者，在无锡他们是一家办公地点在北京的外地环保组织。如果没有当地司法系统的支持和介入，外地环保组织在大部分地区会遭遇排斥，但是无锡环保法庭因为是创新试点，"让我们有了不同的境遇"。

当时，中华环保联合会原本是想为无锡当地遭受粉尘污染的群众做一次法律援助，结果在调研过程中发现，江阴港集装箱有限公司对长江水体有污染，于是决定启动环境公益诉讼。

"当时这个案件拿去无锡环保法庭以后，对于立不立案，我们心里没底。"马勇说，周五递交诉状，本以为要等一周才会得到回复，没想到周一下午就得到通知已经立案。

同样在 2009 年，贵阳清镇环保法庭也迎来了开庭第一案。就贵阳市重要饮用水源百花湖的保护问题，贵阳清镇环保法庭受理了中华环保联合会诉清镇市国土资源管理局行政不作为的公益诉讼案。

开庭前，清镇市国土资源管理局一直在与中华环保联合会沟通，希望不要上法庭，但中华环保联合会坚持认为，既然地方拓宽了原告资格，就一定要进行完整的诉讼开庭过程。开庭后，清镇市国土资源管理局表示履行了行政职责，并当庭出具了履行行政职责的文件。"按照《行政诉讼法》，我们只能当庭撤诉，但这样也达到了目的。类似的案子主要是为了推动环境公益诉讼制度的建立。"马勇说。

在马勇的记忆中，2009 年参与贵阳清镇环保法庭的第一案，法院还是相对谨慎的状态；到 2010 年年底，中华环保联合会再度在贵阳提起一个环境公益诉讼，状告乌当区定扒造纸厂生产废水污染了南明河，法院的受理态度就更加积极了。

"这个案件受理时，我们提供的证据相对薄弱，于是申请了证据保全。"马勇说。一位法官感叹做了多年司法工作，第一次做这种证据保全。

法院先是让中华环保联合会自己去"侦察"，确认企业偷排污染物的时间。凌晨三四点，贵阳清镇市环保法庭因为担心有意外发生，几乎出动了全部法警随同中华环保联合会去取证。天将亮时，终于发现该企业确实在大量排污，于是一位法官现场执法。最终，法院判令被告贵阳市乌当区定扒造纸厂立即停止向南明河排放工业污水，支付原告相关费用，承担该案发生的检测费、诉讼费。

贵阳清镇环保法庭的态度变化有一个特殊的背景。2009 年贵阳对环境公益诉讼主体的放宽仅仅是有一个法院内部的规定，规定包括全国性的环保社团组织可以做原告，这还是属于摸索阶段。2010 年，贵阳市人大通过了《贵阳市促进生态文明建设条例》，其中对环境公益诉讼的主体资格做了明确的规定，环保机关、环保行政机构、环保公益组织都可以作为原告。随着条例的通过，在贵阳市境内做环境公益诉讼，真正变得有法可依了。

贵阳市环保法庭亮出了"地方条例"的"尚方宝剑"，但并非每个地方都具备条件。"虽然地方人大有立法权，但是很多地方人大还是不敢，贵阳胆子还是挺大的。"赵卫民说，地方法院系统有自己的担忧，毕竟司法机关不是立法机关，法院基本是不允许搞创新的，要突破还是得由上级法院来突破。

谨慎突破

2010 年年末，最高人民法院副院长万鄂湘来到无锡环保法庭考察，他鼓励无锡环保法庭大胆开展司法实践创新工作。"上级法院鼓励我们提供司法服务，虽然环保法庭现在做的有些事情，现行法令中没有规定，但上级法院也不会责怪，这个态度是明确的。现在的问题不是中院和基层法院没有环境诉讼意识，而是实践机会太少。"赵卫民说。

环保法庭的探索，尽管艰难重重，但在诸多法律人士看来，这些经验仍将成为眼下环境公益诉讼立法推进的重要成果。

汪劲表示，环境公益诉讼现在还处于"谨慎突破"阶段。"公益诉讼涉及的很多问题，与目前的体制有矛盾，完全放开政府会有担心。但眼下环境问题已经突出到必须严肃解决的地步，比如 2010 年的紫金矿业和大连污染事件，到目前连责任人还没确认。"

"程序上还好处理，但是一些具体的细则问题，比如公益诉讼中提出的赔偿标准怎样确定，这些在实践中五花八门。"汪劲表示，环境公益诉讼立法上面临的困境，不仅要靠国务院和全国人大来解决，更重要的是通过地方的实践和试点，把所有经验收集上来以后法律才能确定。

谈到环境公益诉讼立法的可能性，汪劲认为，未来可能会在《民事诉讼法》的某个条款上为公益诉讼留一个口，"原则性地写规则，但不会展开写，在具体实施的时候，可能通过最高人民法院的司法解释来寻求突破，具体层面还在研究"。

（原载于《瞭望东方周刊》2012 年第 36 期，有改动）

中国环境权益产品价格远低于国际市场

2008 年 8 月 5 日，上海环境能源交易所挂牌仅半个小时后，北京环境交易所在北京金融街宣告成立。两家交易所虽然名称上有些微差别，但任务相同——设立环境权益交易平台。

环境交易所与人们熟知的股权、债券交易所不同，这里的交易商品是环境权益，包括节能减排和环保技术交易、节能量指标交易、二氧化硫等排污权交易以及温室气体减排量的信息服务等。

环境交易所的成立标志着行政干预为主的节能减排将展开真正意义上市场化的探索。"现在需要一个公开的集中交易平台，我们应该建设一个全国性公开市场，促进排污、排放交易的规范化、透明化，降低交易成本，提高企业的环境意识和谈判地位。"北京环境交易所董事长熊焰眼光盯着全国市场。

就在京沪两地环交所成立之前，天津、广东、江苏等地对此也表现出极大的热情。北京环交所由北京市产权交易所筹办，熊焰也是产权交易所总裁。而环交所就在产权交易所的知识产权交易中心内办公。

参与北京环交所创办的环境经济学专家邹骥告诉笔者，成立环境交易所是一种积极的尝试，但不要寄希望于立即达到预期目标，只能小步起跑，因为"环境交易市场规则的不完善、权力寻租等问题不是一时能解决的"。

以二氧化硫排污权交易预热

在北京环境交易所的业务策略中，探索路线被概括为"三步走"：开展节能环保技术交易；探索排污权交易，主要指二氧化硫和化学需氧量（COD）；在适当条件下推进碳交易。

国人对于"环境权益交易"还很陌生，如果具体到"排污权交易"，早在1991年就由美国环保协会（EDF）及其首席经济学家丹尼尔·杜丹德博士引入中国。

EDF一直致力于用市场机制来解决美国的酸雨问题，在此过程中，一个创造性的思想——"排污权交易"应运而生。其主要思想是，传统环境管理除了政府干预外，并没给企业任何激励措施，如果建立一个市场，有效减少污染的企业就能与那些污染排放多的企业进行交易从而获得资金。

20世纪90年代初，尝试用经济手段控制污染排放的中国，开始关注美国排污权交易政策这种新鲜的思路——排污权可以在政府管理下，像货物一样买卖。2001年4月，中国排污权交易试验启动，山东、山西、江苏、河南等7省市加入其中，二氧化硫成为排污权交易的核心。

最早的排污权试点在江苏南通、太仓等地，当时新建了很多发电厂，有发电厂因扩建排污量指标不够用，而另一些企业则有剩余，环保部门就出面为它们牵线。"排污权交易首先要有一个总量的控制，其次在不同的减排企业之间存在减排成本的差异，

第三个条件是有严格的监管。就是说，如果企业把排污权指标卖出去却继续排污，必须有人监管。"中国人民大学环境学院副院长的邹骥告诉笔者。

2001年9月，国内第一笔排污权交易成交——南通天生港发电有限公司与南京醋酸纤维有限公司签订协议，卖方有偿转让1800吨二氧化硫排污权，供买方在6年内使用。

排污权交易试验一直在为7年后环境交易所的诞生预热。国家发改委能源研究所能源环境与气候变化研究中心主任徐华清对笔者说："排污权交易试点这么多年来，已经积累了深刻的经验教训，环境交易所进一步推进是有必要的。"

与排污权交易相比，环境交易所进行的交易在性质上是相似的，但有3点差异：以往是企业之间点对点式的交易，而环交所的交易范围更广；以往没有市场基础，没有价格体系，而交易所可以定价，形成统一的市场；环交所的平台可以更大地降低交易成本。

河南遭遇排污权零交易

预热7年的排污权交易，一直是地方政府搭桥、以行政手段推进。"各地试点不断出新，但还没有形成一个成熟的排污权交易市场。"环保部环境规划院副院长王金南指出。

2004年3月，河南省环保局着手筹建二氧化硫交易市场管理系统，设立了二氧化硫排放账户，还承办二氧化硫富余总量登记、交易划转、跟踪监督交易合同执行情况等。当时被称为排放权交易的市场化探索。然而，4 年多时间里，河南却没有进行一起排污权交易。

排污权交易与核定、监测、总量控制挂钩。问题是，一些地方对交易监测不到位，无法精确记录企业究竟排放了多少污染物，即使监测到违法排放，又有很多行政干预来保护污染者。这样企业就可以不兑现减排承诺，交易失去意义。

河南排污权交易遭遇"零交易"的尴尬，并非孤立事件。邹骥认为，环境交易开展的条件很复杂，而我国现有监控体系、技术支撑体系都不够到位，造成减排违法成本低廉，环境交易供求关系很难正常。

作为市场化的环境经济政策，从诞生开始，排污权交易的实施就依赖于成熟的市场经济基础。美国通过《清洁空气法修正案》等将其纳入统一的法律框架中，而中国目前尚未出台全国性的排污权交易法规。

邹骥说，目前中国环境交易的规则、排污权的分配规则在法律上都不清晰，主要还是由行政命令规定排放总量，层层下压，市场还处于不规范的状态。

环交所把碳交易当最终目标

在环境交易条件还不算成熟的情况下，环境交易所在中国的建立成为一种意义特别的尝试。其中"清洁发展机制（CDM）"和"碳交易"是两个关键的背景因素。

在北京环境交易所的"三步走"战略中，碳交易是最后一步。"从目前来看，碳交易不能做，国内目前也没有真正的碳交易市场。因为碳交易的前提是承诺减排义务，而作为发展中国家，我们在全球温室气体排放中没有限额。"邹骥说。

按照《京都议定书》的规定，发达国家间才会进行碳排放额的自由买卖。为此，以欧盟为代表的发达国家纷纷建立了跨国、跨地区的碳排放交易体系。

虽然中国没有加入碳排放交易体系，但巴厘岛行动计划中关于发展中国家 2012 年之后应开展"可度量、可报告、可证实"的国家减缓气候变化行动的迹象表明，中国作为世界碳排放大国，也将朝着承诺碳减排义务的方向前行。

"环交所把碳交易当最终目标，是为了一种长远利益。也许几十年后，我国达到条件了，就需要承诺国际减排义务，有碳的排放限额。到那时，没有自己的交易力量，不懂交易规则就晚了。要让中国企业早点介入，熟悉碳交易市场的情况。"北京环境交易所的一位人士告诉笔者。

目前，国际碳交易市场已成为一个增长幅度高、速度快、具有巨大发展潜力的新兴市场。其中 CDM 的发展前景在中国被越来越多人所认识。CDM 是《京都议定书》中一种发达国家与发展中国家合作应对气候变化的灵活机制，即允许发达国家在发展中国家通过采用更先进的减排技术、提供必要的配套资金来进行项目合作，帮助发达国家实现其减排承诺。

北京安定填埋场的填埋气收集利用项目是中国第一个 CDM 项目。参与项目的济丰兴业投资管理公司经理张亮蒙告诉笔者，经营垃圾场的北京二清分公司最初考虑的是消除垃圾场的安全隐患，想引用最先进的技术收集废气，为此要在设备上投入 2000 多万元。

此时恰好接触到 CDM 机制，济丰搭桥、二清分公司和国际能源系统公司在 2002 年 7 月达成合作，并于 2005 年正式注册 CDM，通过交易预计投资将完全收回，还有盈余。目前公司已拿到第一笔交易费，垃圾场减排了总量超过 1000 多万立方米的沼气。

徐华清告诉笔者，中国 CDM 供给市场一方面潜力巨大，另一方面也让国内企业在 CDM 项目的交易实践中很被动，直接的表现是交易价格远远低于国际市场平均价格。

2007 年山东东岳化工与日本新日铁和三菱公司进行了全球最大的 CDM 项目交易。东岳化工通过技术改造将每年的温室气体 HFC23 排放量减少到约 1000 万吨，多出的排放配额用于日本公司完成减排承诺。这项交易的价格约为 7 美元/吨。而同期国际上 HFC23 气体的平均交易价格为 20 多美元/吨。这种交易分散、低效，买家又都是境外机构，企业需懂英文、懂规则，还需有买方的渠道信息，但国内大部分企业做不到这点。

在此背景下，建立一个专业性的集中交易平台的呼声日益高涨。

探索空间有限

2007 年 2 月，联合国开发计划署驻华代表马和励表示有意和科技部等部门在北京建立碳交易所。没过 3 个月，国家发改委气候办在网站上发布信息，明确表示中国政府短期内不打算建碳交易平台。政策信号的变化令人玩味。

而此时，上海、天津、北京等大城市纷纷酝酿涉足碳交易领域。"2007 年下半年开始就有动静说应该建碳交易所，接着各金融机构开始介入，我们听到各种风声，大连交易所、深圳交易所、重庆交易所、香港交易所纷纷表示要参与。"北京环境交易所的一位人士回忆说。

"后来情况有些变化，期货交易所很快退出。"这位人士解释说，期货类交易所退出是因为中国在环境权益领域内还做不了期货，政策没有到位，市场也没有形成。

至此，在碳交易平台的建立中，能够参与竞争的只剩下产权交易所，包括北京产权交易所在内的国内诸多产权交易所加快了对环境交易的研究。"我们筹备、调研近两年，在这期间听取了多方意见，包括企业、投行、基金、咨询公司以及买方，主要是欧洲一些在华企业的代表处的意见。"北京环境交易所的业内人士说。

北京产权交易所的探索很快得到了北京市政府的大力支持。据称，2007 年 10 月下旬，北京市领导就做出批示，在 CDM 机制下加强能力建设，多上点项目。2008 年 4 月北京市政府又出台文件，支持建立环境交易平台；5 月间，市领导批示尽快建、尽快挂牌。

上海、天津、广东、江苏等省市也纷纷寻机筹建环交所，因为节能减排是地方政府的硬任务，政府也乐意建平台。"我们向发改委提出申请的同时，不少省市也在接触发改委，提出建立环交所。国家发改委觉得这事情不讨论不行了。"北京环境交易所的业内人士告诉笔者。

2008 年 7 月 16 日,国家发改委召开的节能减排专题会议,就"建不建交易所,建什么样的交易所"进行了讨论。会议上,国家发改委副主任解振华明确提出,长期来看,我们必然加入减排行列,建交易所可以低成本减排,通过市场手段节能减排。国外也都证明了,必须要建。

对于各地区建立环交所的热情,业内专家均表示忧虑。"现在一窝蜂要建环交所,好似谁能抓住先机就能稳赚。环境交易是对西方金融化的移植,但发展出金融衍生产品不是最终目的,靠它赚钱,可能会形成金融泡沫。"国家发改委能源所所长周大地对笔者说。

邹骥说:"最终这个市场能否做起来,存在多大的交易量,会由市场来检验,有个淘汰的过程。不是任何一个地方都能建环境交易中心。"

北京环境交易所首先尝试的是环保节能技术的交易。目前还不是很活跃,没有特别好的技术进来,也没有多少公司认定这个平台要来买。挂牌之后正在做一些基础性的工作,包括信息平台、会员网络、交易手段、竞价系统等。

环境交易所类似一个大卖场,企业带着交易项目进来,需求方自由挑选感兴趣的技术,明码标价,公开信息披露,稀缺性的需要竞拍。在环交所挂牌初期,被认为已经具备开展条件的是节能量指标交易,其试点已在北京范围内展开。但关键点还是老问题——对减排量的监测是否完善,惩罚机制是否到位。

对于目前环交所展开探索的空间，多数学者看法谨慎。"从揭牌到正式开展业务还有一个漫长的探索过程。分配节能减排指标的探索很难。在地域间开展交易也很难，减排量是在地区分的，第一阶段能够超额实现的地方并不多。同时，由于各种地方利益的分割，形成统一的市场并不容易。"周大地表示。

（原载于《瞭望东方周刊》2008 年第 35 期，有改动）

"环境保护"进入中国的几件大事

——对话第一任国家环保局局长曲格平

20 世纪 70 年代初，当人们只知道"环境卫生"、"环卫工人"，在字典里找不到"环境保护"4 个字的时候，他从斯德哥尔摩第一次人类环境会议上带回了"保护环境、拯救地球"的呼吁。

他是曲格平，第一任国家环保局局长，也是第一个将"环境保护"概念带入中国的人。

在"法制观念淡漠"的年代，他率先提出为环保"立法"。在国人谈"市场"色变的时候，他将西方市场经济条件下的环保经验一一移植、融入。联合国环境规划署前执行主任托巴尔博士称其"超前的行动"堪为"发展中国家之表率"。

耄耋之年的曲格平，依然奔波于各项环保活动，工作到很晚的他，有时得服用安眠药才能入睡。2011 年 9 月初，当笔者见到曲格平时，他看上去略显疲倦。而一说起环保，他那黑框眼镜下便流露出兴奋的神情，随即谈起最近的见闻。

"医疗垃圾处理是有规定的，但现在哈尔滨一家医疗废物处理焚烧厂建好了，却遭到医院的抵制，原因是开不出一张小小的发票。"曲格平愤愤地说。

类似的小障碍几乎伴随了中国环保事业从无到有、由小变大的整个历程。每每面对，曲格平总是怀着一种"锱铢必较"的精神。陪伴曲格平多年的秘书徐光在旁感叹："年纪一把了，还是为环保的各种小问题忧心忡忡。"

揭露"阴暗面"获周总理支持

1972 年，中国派团出席了那一年的斯德哥尔摩人类环境会议，曲格平全程参与了会议。他记得，回国后最后上报的会议总结当中，说的全是政治斗争，对国际会议的重点"环境与发展"几乎只字未提。

"尽管如此，中国代表团还是上了一课，知道环境保护对国家发展有多广泛的影响。"曲格平本人受到的震撼更大。此时，他已开始管理环境保护方面的工作，这次会议让他找到一面镜子，对照分析后，他发现中国环境问题的严重程度远在西方国家之上。

1973 年 8 月，在周总理亲自过问下，第一次全国环境保护会议以国务院名义召开了。"会前我们做了一次全国性的调查，将全国各地的环境污染情况，编写成'增刊'等印发，并以试探的心情报送了中央。"

结果，会议期间并没惹出什么麻烦。"增刊"又印发给各省市。最后虽然注明"请注意保密"，但实际上已把环境污染的情况通报了全国。曲格平说，在当时的政治环境下能这样揭露"阴暗面"，全靠周总理的支持。

没想到的是，会后各地开始效仿，对"环境问题"广为宣

传，并开展初步的环境治理。在一片混乱中，中国的环保事业算
是起步了。

环境立法"最好的时光"是在 20 世纪 80 年代

在"政治运动就是一切"的岁月，环保事业虽然已经起步，
但曲格平并没有太大的作为。这种形势下，他来到了内罗毕中国
常驻联合国环境署代表处。

在内罗毕的一年，曲格平将全部精力放在拜访专家和查阅资
料上。在研究的过程中，曲格平反复琢磨，最终发现"法"在
环保问题上太要紧了。

1976 年，曲格平回到国内，开始四处宣传"法制对环保的
重要性"。在那个"无法无天"的年代，他常被质疑"哪来精神
搞什么法"。

幸运的是，他的观点得到了高层的认同。这一年，国务院环
境保护领导小组开始行动，成立了环保法起草小组。"刚刚打倒
'四人帮'，人大一开会，我们就把环境保护法的草案提交上去，
人大代表还稀里糊涂的。有些代表提了一些意见，但几乎没反对
就通过了。之后提交国务院，也很容易通过了。"曲格平说。

此时，全国人大刚刚恢复，因为没有部门申请制定法律，只
有环保部门提出，大家觉得很稀奇，也就比较宽容。在这种
"宽容"的氛围下，一些远远超出中国经验的国际环境立法经
验，被稀里糊涂地提前移植过来。其中最重要的一条是"环境
影响报告制度"。

这种制度当时全世界只在一两个发达国家施行，曲格平从国际会议中学到了它。"回国后，我提出把这条加入立法。解释了它在预防污染上的效果后，人大觉得挺好，没多问，就写上了。"曲格平回忆。

今天的实践证明，这项制度在改善工业布局和控制新的污染源方面发挥了重大作用。在曲格平心中，环境立法"最好的时光"是在 20 世纪 80 年代。在这期间陆续颁布了《海洋环境保护法》、《大气污染防治法》和《水污染防治法》等重要环保法。

这个时期正是改革开放初期，人们打开了思路，敢想、敢干。曲格平说，虽然当时经济上还比较困难，但民主决策的氛围让环保事业的新思维有了生存的空间。

曲格平记忆深刻的是国务院一次常务会议，会议上讨论的是：先污染、后治理，对不对？一位国务院领导首先发言指出："先污染、后治理是一条弯路。"另一位国务院领导回应："我去过很多西方国家，都是走这条路。"紧接着，身为第一任环保局局长的曲格平与某位国务院领导展开激烈辩论，虽然当时彼此对环境问题的认识有根本分歧，但整个辩论的气氛相当和谐。

起死回生的《环境影响评价法》

《环境影响评价法》从 2001 年就开始讨论，解释其重要性。但 2003 年全国人大第一次审议时质疑声就很大，大家纷纷议论，说这如果通过了，国家建设还怎么弄，不能给"环保"这个权利。国务院也不再支持，把草案枪毙了。

不久，该草案又从全国人大环资委被直接提交到国务院组织讨论，结果 18 个部委同时反对，意见是：法律不能太超前，"环评"是发达国家的东西，不符合国情。

讨论到二审，由于意见仍不统一，全国人大常委会决定停止对该法的讨论。"人大在法律上有一个组织条例的规定，如果超过一年不审议，这个法律任何人不能再提，自行作废，下一届人大再说。"回忆起当时的情景，曲格平感受非常。

眼看距离该法"自行作废"的期限不到一个月，曲格平像说客一样，各方游说，解释《环境影响评价法》的重要性，动员老将军、两院院士以及自己所在的全国人大环资委同事全部联名，要求通过。

但是，由于部委大量的反对意见，当时的全国人大委员长劝说，还是留到下一届通过吧。曲格平不肯放弃，就给国务院写信反映，当时的国务院总理朱镕基找其谈话并给出意见。

"我说《环境影响评价法》通过遇到一些困难，有人反对，朱总理问谁反对。我说，法制办和一些部委，然后我开始介绍《环境影响评价法》的优越性，朱总理表示这个法是可以的。"曲格平回忆道。

最后，带着国务院领导的意见，曲格平找到国务院法制办。最终，法制办想出了一个办法来平息各大部委的反对意见。

《环境影响评价法》最初设计制定的时候，包括 3 方面内容：项目评价、规划评价、政策评价。法制办提议：前两个可以保留，但必须把"政策评价"拿掉。曲格平不同意，认为造成问题最大的就是"政策评价"，到处都是不适当的政策造成的污染项目。

法制办对此给出的回应是："政策影响评价"是重要，但大部分项目都是领导人出去视察、定下来，国务院再通过发布，它都宣布了，你再给它更正，在中国能行吗？我们留个尾巴，等条件成熟的时候再去做。

努力终于有了结果，国务院最终发了一个文，意思大致是：针对《环境影响评价法》我们又做了一些工作，虽然还有些部门不同意，但这个法不是超前的，当前的环境形势还是需要的。国务院的态度一转变，《环境影响评价法》草案又被拿去全国人大常委会讨论。

这次讨论的结果发生大逆转，原本不同意的部委全部都赞同。《环境影响评价法》通过之后，当时不少人感叹在全国人大历史上还没有一部法这样"起死回生"过。

环保机构的"独立运动"

2008 年 3 月，国家环保总局升格为环境保护部，作为 30 多年来国家环保管理机构沿革的亲历者，曲格平感触颇深，"虽然只是一字之差，却是中国环保事业多年的期盼"。

曲格平的期盼开始于 1973 年。这一年，他进入了一个不上编制的、也是中国第一个环境管理机构——国务院环境保护领导小组及其办公室。在这里，工作平平淡淡，唯一值得记述的是主持起草了《环境保护法》。

经过 10 年，终于告别了临时状态。在 1982 年的机构改革中，环境管理机构正式进入了政府序列，在新成立的城乡建设环境保护部（以下简称"城环部"）内设了环保局。

然而，曲格平很快发现，此前虽然处于临时状态，但是靠着国务院这个大牌子，想做点事，对各部门的协调还是很有成效的。反而，通过新组建的城环部组织协调，不仅程序复杂，而且受职权所限，几乎难以实行。

"如果在国务院设立一个不上编制的环境保护委员会来协调我国的环境保护工作，无疑是最好的做法。"曲格平说，在第二次全国环保会议后，他向国务院领导提出这一建议，国务院领导问：做什么呢？曲格平回答：国务院定期召开关于环境保护的会议，会议之前环保局提出意见和方案、可以推行的措施，我们在会上讨论做个决定。

就这样，当国务院正在大力清理撤销非常设机构的时候，环保作为一个"特例"被保留下来，并且成立了国务院环境保护委员会（以下简称"国务院环委会"）。

"20世纪80年代，虽然归城环部管的时候，规格很低，但是从历史来讲是中国环保最活跃的一段时间。靠什么？就是靠国务院环委会，一个季度开一次会。所有决定都可以以国务院环委会的名义下发。"曲格平说。凭借国务院环委会这个平台，环保局冲破自身很多职责限制。

然而，这并没有从根本上改变环保机构自身的困境。在城环部这段时间，出现了一个争论：城建部门包括了环保部门，环保工作是城建工作的组成部分，既然这样，为什么要单独设立环保部门？

　　这场争论当时让曲格平心中很痛苦，因为环保机构存在的必要性受到了强烈的质疑，这种质疑甚至弥散到一些地方上，全国的环保工作也陷入了一种被动的局面。

　　"为了打破僵局，我们就一直反映。当时的国务院领导说：给他们加上'国家'两个字吧，不然很多事情真是不好办。"曲格平说。加上"国家"以后，环保局实行计划单列，在人、财、物上相对独立了，处境有所好转。然而与城环部的隶属关系并没改变。为了改变被动局面，解决环保工作和城建工作分工不清的矛盾，曲格平和同事们开始反复调查、研究。

　　"后来，我们组织有关人士论证这个概念，大家认为，这样就把环境管理部门和其他方面的关系说明白了。接着我们向国家机构改革办公室又做了说明，他们赞同了。"

　　在 1988 年的机构改革中，国家环保局终于彻底从城环部分离出来，成为国务院的直属局，终于可以独立制定、发布一些东西。对曲格平来说，每当忆起这场耗心 15 年的"独立运动"，他常常有贾岛"二句三年得，一吟双泪流"的感受。

　　"独立运动"最后变成了"升级运动"，1997 年国务院进行机构改革，曲格平和与林宗棠（时任全国人大环资委副主任委员）向国务院领导汇报了环保局改为环保部的必要性。

　　国务院领导说曲格平，机构改革弄了那么久，好不容易把48 个部砍到 28 个，你现在又要增加。下次吧，再过 5 年。曲格平说，变个办法行不行？变成总局行不行？"变成总局可以。就这么定了。"国务院领导说。第二天，国务院召开编委会，说到环保局，国务院领导提议说：环保局想升格为部，不行，但要个

"总"字还是可以的。

这条路应该走得快一些

1993 年，曲格平离开担任了 11 年之久的国家环保局局长职位，到了全国人大环境与资源委员会，在这个新设立的委员会，再次开始"零基础"的挑战。

"半路出家"的曲格平，常常处于"从头学起"的状态。然而，这并不妨碍他成为环保领域典型的学者型官员。他不仅是美国哈佛大学、英国牛津大学客座教授，还被聘为《世界资源报告》丛书编辑委员会委员、联合国持续发展高级咨询委员会委员等。他笔耕不辍，对于自己著书立说的行为，曲格平坦言，写文章纯是工作需要。

翻阅曲格平的书籍，可以从中感受到他对"环保"清醒而务实的认识。而他目前最关注的是"可持续发展方面的问题"——要切实转变高投入、高消耗、高污染、低效率的经济增长方式，这是保护环境的根本保障。

"国家已确定'循环经济'作为走新型工业化道路的模式，这是一项正确的选择。"他在书中写道。

"这条路应该走得快一些。我曾在国务院的一次专家讨论上提出，最好 2020 年大部分企业进入可持续发展的轨道，到 2030 年全部进入这个轨道运转。我设想的是 20 多年，而政府设想的是到 2050 年。"曲格平说。

乐观的同时，曲格平也看到不明朗的前景。"谁会因为没有完成环保计划，被查办、被追究、被免职？经济还是硬指标，环保是软指标。这就是制度上最大的症结。"说到这，他不由叹息了一声。

谈及 40 多年的工作感受，曲格平说，环保讨好的地方很少，经常是领导不满意，企业也不满意。"前几年还有人骂我，说搞的一套环保，可把他们害苦了。"停了停，他笑道，现在至少公开骂我的人少了，说明人们对环境的认识深入了。

（原载于《瞭望东方周刊》2011 年第 46 期，有改动）

后　记

　　2015年隆冬时节，《绿色选择》即将付梓出版，此刻的我，心情是复杂的。这是我32年人生中第一部独立署名的作品，也是第一部真正意义上"我手写我心"的作品。从14岁那年成为学生记者，我就与文字结下了不解之缘，大学如愿考上新闻专业，毕业后进入杂志社，直接进入一种状态，叫"走南闯北的恶劣生活，体验内心的快乐"，很多时间不是"在路上"，就是"写稿中"，最高峰时期，连续半年，每个月都在西部或北方调研，一出门就是半个月。

　　半年之前，我放缓不曾停歇的脚步，回看那些写下的新闻故事，发觉那些曾接近的现场和真相并没有淡去，而是融入时代洪流，继续发酵为新的内容。我感到困惑，作为新闻人，我所能做的是记录这个时代的真相，然而这些记录下的变化和轨迹，究竟能有多少价值，或是根本不能改变什么。曾几何时，"铁肩担道义，辣手著文章"这样的理想，成了饭桌上的笑谈，负能量的信息在新闻圈里滋生蔓延，不少同业的朋友远离了新闻职业，也有执着的记者在写出重量报道后，选择跳楼自杀。而留守新闻业的人，内心有着不可否认的初衷。

　　现在，我很少去谈新闻从业时的初心，却更相信，无论大环境如何变迁，新闻从业者作为时代瞭望者和监督者的作用不会改变。作为时政记者，这些年我采写的报道多是公共领域类的主题：讲计划生育政策的《"二胎政策"探索信号渐明》、讲免费师范生政策的《未来教育家登上讲坛》、讲城市改造的《造城大跃进》。然而，在众多主题中，我倾注最多关注的是环境与生态领域的话题。

撇去学生时期发表的文字作品，进入记者职业生涯后，我的第一篇作品是《中国环境权益产品远低于国际市场》，写作的契机是中国的第一家环境交易所在北京正式运营。作为新生事物，"环境交易"对多数人而言相当陌生，我也如此，采写的过程涉及诸多金融、科技类的专业内容，写起来很是费劲，内容看上去有些难懂，但是却成为记录中国环境交易开端最翔实的一篇报道，并由此开启了我环境报道的旅程。2008 年，环境报道在国内算是比较冷门的报道领域，其传播对象相对小众，而且采写内容专业性较强，也经常遇上环境类选题在选题会上无法通过的情况。只是，凭借着做环保志愿者的经历，我对环境报道有了一份特别的坚持，在这份坚持中，等来了中国环境报道的黄金时期。2010 年以来，无论是全国还是地方性媒体、综合性还是专业性媒体，环境新闻开始占有一席之地。在中央和地方涌现出一批以环境新闻为主体内容的专业媒体。环境类报道逆袭的同时，环境议题也成为国内讨论最为炙热的公共话题之一。

中国进入经济社会发展的全面转型期，环境保护与治理不仅是"肉食者谋之"，而且是"匹夫有责"。为此，我希望本书的出版，能够为中国特色环境治理提供详细的案例文本及重要议题的依据。本书的 24 篇文章，曾在《瞭望东方周刊》、《新华每日电讯》等发表，现在重新进行补充完善，共分为 7 个章节。全书试图描述中国在生态环境保护上面临的挑战和最新的进展，记录下中国在环境保护历程中的重要节点，反映中国在环境治理问题上遭遇的冲突和矛盾。

2015 年是中国首提"绿色化"的年份，生态环境保护再次被提升到某种政治高度。然而，眼下即使不变形地执行上级决策，也未必能解决层出不穷的生态环境危机，我们需要沉下心，更深入地了解、探究环境问题背后的成因，认清症结所在。希望本书的出版为社会生态转型带来更多思考，譬如"经济发展如何与环境优化相协同，经济增长如何与环境污染脱钩"。

感谢我曾供职的《瞭望东方周刊》杂志编辑部同仁，没有他们的鼎力支持，我很难在环境报道这条路上坚持下来，也就不会有这本书的雏形。在本书完成过程中，陈卫星老师、王金南老师、那长春老师、单人耘前辈提出诸多宝贵意见，让我明白环境报道的深意。尤其还要感谢北京地球村与世界自然基金会对于我从事环境报道的支持与肯定。同样要感谢中山大学出版社的团队以细致和敏锐推动这个出版项目的完成。

最后，把诚挚的谢意献给自始至终包容我、理解我的父母，他们的乐观与豁达让我在新闻的道路上收获无尽的热情与灵感。